国家林业局职业教育"十三五"规划教材

高等数学——微积分基础

曾秀云　　冯惠英　　主编

中国林业出版社

图书在版编目(CIP)数据

高等数学——微积分基础 / 曾秀云,冯惠英主编. —北京:中国林业出版社,2017.9(2024.12重印)
国家林业局职业教育"十三五"规划教材
ISBN 978-7-5038-9138-0

Ⅰ.①高… Ⅱ.①曾… ②冯… Ⅲ.①高等数学－高等职业教育－教材 ②微积分－
高等职业教育－教材 Ⅳ.①O13 ②O172

中国版本图书馆 CIP 数据核字(2017)第 158192 号

国家林业局生态文明教材及林业高校教材建设项目

中国林业出版社·教育出版社

策　　划：吴　卉　肖基浒

责任编辑：高兴荣　吴　卉

电　　话：(010)83143611

出版发行　中国林业出版社(100009　北京市西城区德内大街刘海胡同 7 号)
　　　　　E-mail:jiaocaipublic@163.com
　　　　　电话:(010)83143500
　　　　　http://lycb. forestry. gov. cn
经　　销　新华书店
印　　刷　北京中科印刷有限公司
版　　次　2017 年 9 月第 1 版
印　　次　2024 年 12 月第 11 次印刷
开　　本　787mm×1092mm　1/16
印　　张　10.75
字　　数　230 千字
定　　价　40.00 元

《高等数学——微积分基础》
编写人员

主　　编　曾秀云　冯惠英

副 主 编　邱建玲　焦丽萍

编写人员（按姓氏笔画排序）

　　　　　冯惠英　邱建玲　林志鹏

　　　　　曾秀云　焦丽萍

前　言

　　高等数学是高职院校不可或缺的一门基础课,不仅能为学生学习专业课奠定基础,而且对培养学生严密的思维能力和创新能力发挥着不可替代的作用.本教材立足于高职高专学生的学习基础,本着"拓宽文化基础、增强能力支撑、构建学生可持续发展平台"的精神,坚持"必需够用、淡化推理、结合专业、突出应用、体现数学文化素养"的原则进行编写.

　　本教材主要针对学时较少(48~64学时)的专业选用,依据目前高职学生的学习基础与学习能力,本着简明、基础、实用、可读的原则,以一元微积分内容为主线,在保证科学性的基础上,注重讲清概念,淡化推理,注重用数学方法解决实际问题,以满足专业对数学的基本要求,同时,加入数学文化等阅读材料,突出数学文化的育人功能,进一步加强数学为专业课服务的功能.

　　本教材主要介绍一元函数的微积分,共分为五章,第一章介绍"函数、极限与连续"、第二章介绍"导数与微分"、第三章介绍"导数的应用"、第四章介绍"不定积分"、第五章介绍"定积分及其应用".其中第一章、第四章由冯惠英编写,第二章由曾秀云编写,第三章由焦丽萍编写,第五章由邱建玲编写.林志鹏负责全书图例的绘制与编辑.曾秀云负责全书的统稿工作.

　　福建商学院陈艳平教授对本教材的编写提出了许多宝贵的意见,并对教材编写大纲进行了认真修改审定.中国林业出版社教育分社副社长吴卉博士及有关编辑同志,为本教材的编辑与出版提供了许多帮助,在此表示衷心的感谢!

　　由于编者水平有限,加之时间仓促,书中难免存在错漏之处,恳请广大读者批评指正.

编　　者

2017 年 5 月

目　录

第一章 函数、极限与连续

学习目标

【知识目标】

(1)理解函数的概念；掌握函数的表示方法；掌握函数的奇偶性、单调性、周期性和有界性；了解反函数的概念；理解复合函数及分段函数的概念；掌握基本初等函数的性质及其图形.

(2)理解极限的概念，理解函数单侧极限的概念；以及极限存在与左、右极限之间的关系；掌握极限的性质及四则运算法则；掌握两个重要极限求极限的方法；理解无穷小量、无穷大量的概念.

(3)理解函数连续性的概念(含左连续与右连续)；掌握函数间断点的定义；了解连续函数的性质和初等函数的连续性；了解闭区间上连续函数的性质.

【技能目标】

(1)会求函数的定义域和值域；能作简单的分段函数图像；能把复合函数分解成简单函数；能列出简单的实际问题的函数关系.

(2)能判断无穷小量和无穷大量；会进行极限的运算，特别是"$\dfrac{0}{0}$"型和"$\dfrac{\infty}{\infty}$"两种类型的极限；会用极限求解简单的问题.

(3)会判定函数在某点处的连续性；会求函数的间断点并判定其类型；并会应用连续函数的性质解决实际问题.

1.1 函　数

初等数学研究的内容主要是常量及其运算,而高等数学所研究的内容主要是变量及变量之间的依赖关系,函数是变量之间相互联系、相互制约关系的抽象表示,是事物运动、变化及相互影响的复杂关系在数量方面的反映.本节将在复习高中所学的函数的基础上,进一步加深对函数的理,并介绍反函数、复合函数和初等函数的主要性质,为微积分的学习打下基础.

1.1.1　函数的概念与性质

1)函数的定义

[**定义1**]　设 x 和 y 是同一个变化过程的两个变量,D 为一个非空实数集,如果对属于 D 中的每个 x,依照某个对应法则 f,变量 y 都有确定的数值与之对应,那么 y 就叫做 x 的函数,记作 $y=f(x)$. x 称为函数的自变量,y 称为因变量,数集 D 称为函数的定义域,函数 y 的取值范围 $M=\{y\,|\,y=f(x),x\in D\}$ 称为函数的值域.

如果对于每一个 $x\in D$,都有且仅有一个 $y\in M$ 与之对应,则称这种函数为单值函数.如果对于给定 $x\in D$,有多个 $y\in M$ 与之对应,则称这种函数为多值函数.例如,函数 $y=x+3$ 是单值函数,而 $x^2-y^2=4$ 是多值函数.

注　在研究函数时,经常会用到邻域的概念.称开区间 $(x_0-\delta,x_0+\delta)$ 或实数集 $\{x\,|\,|x-x_0|<\delta\}$ 为点 x_0 的 δ 邻域,简称为点 x_0 的邻域;称 $(x_0-\delta,x_0)\bigcup(x_0,x_0+\delta)$ 或 $\{x\,|\,0<|x-x_0|<\delta\}$ 为点 x_0 的去心邻域,其中 δ 为正数,称为邻域的半径.

2)函数的两个要素

函数的定义域和对应法则是函数的两个要素,而函数的值域一般称为派生要素.两个函数相同当且仅当他们的定义域和对应法则相互一致.

注　求函数定义域就是求使函数的表达式有意义的自变量的取值范围.通常要注意以下4点:

① 在分式 $\dfrac{f(x)}{g(x)}$ 中,分母 $g(x)\neq 0$;

② 在根式 $\sqrt[n]{f(x)}$ 中,当 n 为偶数时,$f(x)\geqslant 0$;当 n 为奇数时,$f(x)\in R$;

③ 在对数函数 $y=\log_a f(x)$ 式中,真数 $f(x)>0$,底数 $a>0$ 且 $a\neq 1$;

④ 如果函数的表达式中含有分式、根式和对数时,求定义域应取各部分定义域的交集.

例1　判断函数 $y=x$ 和 $y=\sqrt{x^2}$ 是否为相同的函数关系.

解　函数 $y=x$ 的定义域是 $(-\infty,+\infty)$,函数 $y=\sqrt{x^2}$ 的定义域也是 $(-\infty,+\infty)$.

但是 $y=\sqrt{x^2}=|x|$，它们的对应法则即表达式不同，所以这两个函数是不同的函数关系. 在函数 $y=f(x)$ 中，当 x 取定 $x_0(x_0 \in D)$ 时，则称 $f(x_0)$ 为 $y=f(x)$ 在 x_0 处的函数值，即

$$f(x_0)=f(x)\big|_{x=x_0}$$

例2 确定函数 $f(x)=\sqrt{3+2x-x^2}+\ln(x-2)$ 的定义域，并求 $f(3)$.

解 该函数的定义域应为满足不等式组 $\begin{cases} 3+2x-x^2 \geqslant 0 \\ x-2>0 \end{cases}$ 的 x 值的全体，解此不等式组，得

$$2<x\leqslant 3$$

故该函数的定义域为 $D=\{x|2<x\leqslant 3\}=(2,3]$；且

$$f(3)=\sqrt{3+2\times 3-3^2}+\ln(3-2)=\ln 1=0$$

3）函数的表示法

函数常用的表示方法有三种：一种是用一个数学公式来表示，称为解析法；一种是用坐标系中的曲线反映两个变量之间的函数关系，称为图像法；还有一种方法是用一个表格反映两个变量之间的函数关系，称为表格法. 其中解析法较普遍.

有些函数，对于其定义域内的不同范围，不能用同一个解析式表示，而要用两个或两上以上的式子表示，这类函数称为分段函数. 分段函数在实际问题中也是常见的.

例3 设某木苗所需的营养液每天剂量为 y（单位：mg），对于 30 天以上种苗是一常数，设为 2mg. 而对于 30 天以下的幼苗，则每天的用量 y 正比于天数 x，比例常数为 0.25mg/月，其函数关系（图 1-1）

$$y=\begin{cases} 0.25x & 0<x<30 \\ 2 & x\geqslant 30 \end{cases}$$

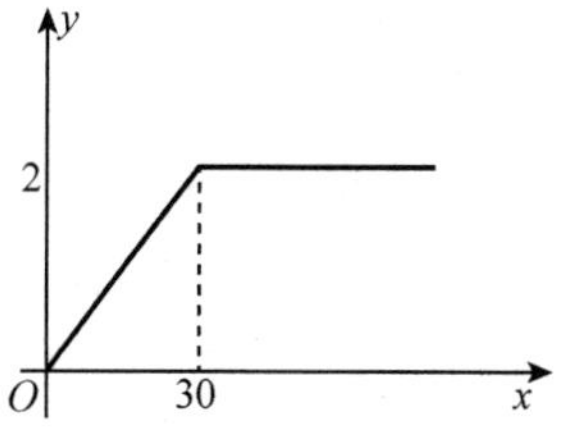

图 1-1

式中，用量 y 是天数 x 的函数，但在不同区间用不同解析式表示. 该注意的是，分段函数是一个函数，而不是两个或几个函数. 求分段函数的函数值时，不同范围内的自变量的值要代入相应范围内的函数表达式进行运算.

例4 常用的两个分段函数.

（1）符号函数

下面的函数称为符号函数：

$$y=\operatorname{sgn}x=\begin{cases} -1 & x<0 \\ 0 & x=0 \\ 1 & x>0 \end{cases}$$

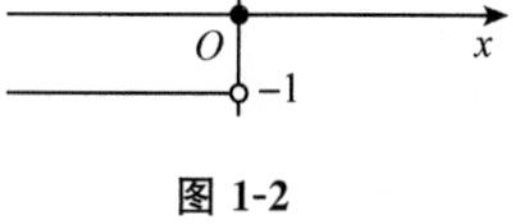

易知，它恰好表示自变量 x 的符号（正或负），定义域为 $(-\infty,+\infty)$，如图 1-2 所示.

图 1-2

（2）取整函数

不超过实数 x 的最大整数称为取整函数,记作 $y=[x]$,$x\in R$. 显然 $x-1<[x]$ $\leqslant x$,例如,$[4.3]=4$,对于负数 -3.7,$[-3.7]=-4$,而不是 -3（图 1-3）.

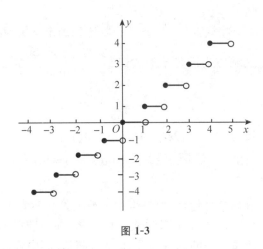

图 1-3

4）反函数

在研究变量之间的函数关系时,有时函数的自变量和因变量相互转换,于是就出现了反函数的概念.

[定义 2] 设函数 $y=f(x)$,定义域为 D,值域为 M. 如果对于 M 中的每一个 y 值,都可由 $y=f(x)$ 确定唯一的 x 值与之对应,则得到一个定义在 M 上的以 y 为自变量,x 为因变量的新函数,称为 $y=f(x)$ 的反函数,记为 $x=f^{-1}(y)$,并称 $y=f(x)$ 为直接函数.通常情况下,用 x 表示自变量,将 $x=f^{-1}(y)$ 改写为 $y=f^{-1}(x)$. 函数 $y=f(x)$ 与其反函数 $y=f^{-1}(x)$ 的图像关于直线 $y=x$ 对称.

求反函数的过程如下:

①从 $y=f(x)$ 解出 $x=f^{-1}(y)$;

②交换字母 x 和 y.

这样,原函数的定义域就变成反函数的值域,原函数的值域就成了反函数的定义域.

例 5 求 $y=x^3+2$ 的反函数.

解 由 $y=x^3+2$ 得

$$x=\sqrt[3]{y-2}$$

然后交换 x 和 y,得

$$y=\sqrt[3]{x-2}$$

即 $y=x^3+2$ 的反函数为 $y=\sqrt[3]{x-2}$

再如,我们把函数 $y=\sin x$,$x\in\left[-\dfrac{\pi}{2},\dfrac{\pi}{2}\right]$ 的反函数称为反正弦函数,记作 $x=$

arcsin$y$. 交换字母 x 和 y,所以反正弦函数写成 $y=\arcsin x$ 的形式.

请注意正弦函数 $y=\sin x$,$x\in R$ 因为在整个定义域上没有一一对应关系,所以不存在反函数. 反正弦函数只对这样一个函数 $y=\sin x$,$x\in\left[-\dfrac{\pi}{2},\dfrac{\pi}{2}\right]$ 成立,这里截取的是正弦函数靠近原点的一个单调区间,函数 $y=\arcsin x$ 中,y 表示的是一个弧度制的角,自变量 x 是一个正弦值.

根据反函数的性质,易得函数 $y=\arcsin x$ 的定义域 $[-1,1]$,值域 $\left[-\dfrac{\pi}{2},\dfrac{\pi}{2}\right]$,是单调递增函数,图像关于原点对称,是奇函数,所以有

$$\arcsin(-x)=-\arcsin x,\ x\in[-1,1]$$

5)函数的几种特性

(1)有界性

设函数 $y=f(x)$ 在集合 D 上有定义,如果存在一个正数 M,使得对于所有的 $x\in D$ 恒有 $|f(x)|\leqslant M$,则称函数 $f(x)$ 在 D 上是有界的. 如果不存在这样的正数 M,则称函数 $f(x)$ 在 D 上是无界的.

例如,函数 $y=\sin x$ 和 $y=\cos x$,存在正数 $M=1$,使得对于任意的 $x\in R$,均有 $|\sin x|\leqslant 1$,$|\cos x|\leqslant 1$,所以函数 $y=\sin x$ 和 $y=\cos x$ 在其定义域 R 内都是有界的(图 1-4);$y=x^3$ 在 $(-1,1)$ 内是有界的,但在 $(0,+\infty)$ 内是无界的(图 1-5).

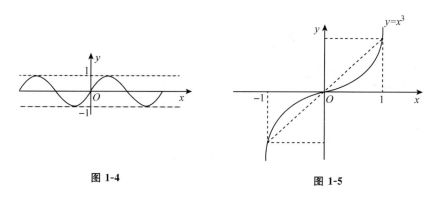

图 1-4　　　　　　　　　　　图 1-5

(2)奇偶性

设函数 $y=f(x)$ 在集合 D 上有定义,如果对于任意的 $x\in D$,恒有 $f(-x)=f(x)$,则称函数 $f(x)$ 为偶函数;如果对于任意的 $x\in D$,恒有 $f(-x)=-f(x)$,则称函数 $f(x)$ 为奇函数.

偶函数的图像关于 y 轴对称[图 1-6(a)],奇函数图像关于原点对称[图 1-6(b)].

例 6　判断函数 $f(x)=x\cdot\cos x$ 的奇偶性.

解　函数的定义域为 $(-\infty,+\infty)$. 因为

$$f(-x)=(-x)\cdot\cos(-x)=-x\cdot\cos x=-f(x)$$

所以函数 $f(x)=x\cdot\cos x$ 为 R 上的奇函数.

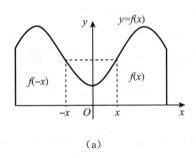 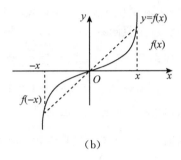

图 1-6

（3）单调性

设函数 $y=f(x)$ 在区间 (a,b) 内有定义，如果对于 (a,b) 内的任意两点 x_1 和 x_2，当 $x_1<x_2$ 时，有 $f(x_1)<f(x_2)$，则称函数 $y=f(x)$ 在区间 (a,b) 内是单调增加的，区间 (a,b) 称为函数 $f(x)$ 的单调增加区间；如果对于 (a,b) 内的任意两点 x_1 和 x_2，当 $x_1<x_2$ 时，有 $f(x_1)>f(x_2)$，则称函数 $y=f(x)$ 在区间 (a,b) 内是单调减少的，区间 (a,b) 称为函数 $f(x)$ 的单调减少区间.

单调增加的函数和单调减少的函数统称为单调函数. 显然单调增加函数的图像是沿 x 轴正向逐渐上升的［图 1-7(a)］所示；单调减少函数的图像是沿 x 轴正向逐渐下降的［图 1-7(b)］.

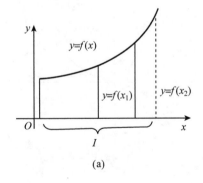 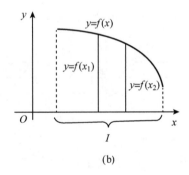

图 1-7

（4）周期性

对于函数 $y=f(x)$，如果存在正数 T，使得 $f(x)=f(x+T)$ 恒成立，则称 $f(x)$ 为周期函数，称 T 为函数周期. 显然 $nT(n$ 是整数$)$ 也为函数 $f(x)$ 的周期，一般提到的周期均指最小正周期 T. 例如，三角函数 $y=\sin x$ 和 $y=\cos x$ 的周期都为 2π；$y=\tan x$，$y=\cot x$ 的周期都是 π.

1.1.2　初等函数

1)基本初等函数

以下 6 种函数统称为基本初等函数.

常数函数　$y=C(C$ 为常数$)$

幂函数　$y=x^a(\alpha$ 为实数$)$

指数函数　$y=a^x(a>0,a\neq1)$

对数函数　$y=\log_a x\ (a>0,a\neq1)$

三角函数　$y=\sin x$　$y=\cos x$

$$y=\tan x\quad y=\cot x=\frac{1}{\tan x}$$

$$y=\sec x=\frac{1}{\cos x}\quad y=\csc x=\frac{1}{\sin x}$$

反三角函数　$y=\arcsin x$　$y=\arccos x$

$$y=\arctan x\quad y=\text{arccot}\,x$$

为了便于应用,将它们的定义域、值域、图形及特性见表 1-1.

表 1-1

	函数	定义域	图象	主要性质
常数函数	常数函数 $y=C$ (C 为常数)	$(-\infty,+\infty)$		图象过点$(0,C)$,为平行于 x 轴的一条直线
幂函数	幂函数 $y=x^a$ (α 为实数)	α 取值不同,定义域也而不同,但在$(0,+\infty)$内总有定义	$(a>0)$	1.图象过点$(0,0)$,$(1,1)$; 2.$a>0$ 时,函数在$(0,+\infty)$内单调增加
			$(a<0)$	1.图象过点$(1,1)$; 2.$a<0$ 时,函数在$(0,+\infty)$内单调减少

（续）

函数		定义域	图象	主要性质
指数函数	指数函数 $y=a^x$ $(a>0,a\neq1)$	$(-\infty,+\infty)$	$y=a^x$ $(a>1)$	1. $a>1$ 时，函数单调增加； 2.图象在 x 轴上方，且过点$(0,1)$
			$y=a^x$ $(0<a<1)$	1.$0<a<1$ 时，函数单调减少； 2.图象在 x 轴上方，且过点$(0,1)$
对数函数	对数函数 $y=\log_a x$ $(a>0,a\neq1)$	$(0,+\infty)$	$y=\log_a x$ $(0<a<1)$	1.$0<a<1$ 时，函数单调减少； 2.图象在$(1,0)$轴右侧，且过点$(1,0)$
			$y=\log_a x$ $(a>1)$	1. $a>1$ 时，函数单调增加； 2.图象在$(1,0)$轴右侧，且过点$(1,0)$
三角函数	正弦函数 $y=\sin x$	$(-\infty,+\infty)$	$y=\sin x$	1.是奇函数,周期为 2π,是有界函数； 2.在$\left(2k\pi-\dfrac{\pi}{2},2k\pi+\dfrac{\pi}{2}\right)$内单调增加；在$\left(2k\pi+\dfrac{\pi}{2},2k\pi+\dfrac{3\pi}{2}\right)$内单调减少$(k\in Z)$

（续）

函数	定义域	图象	主要性质
三角函数 余弦函数 $y=\cos x$	$(-\infty,+\infty)$		1. 是偶函数，周期为 2π，是有界函数； 2. 在 $((2k-1)\pi,2k\pi)$ 内单调增加；在 $(2k\pi,(2k+1)\pi)$ 内单调减少 $(k\in Z)$
正切函数 $y=\tan x$	$x\neq k\pi+\dfrac{\pi}{2}$ $(k\in Z)$		1. 是奇函数，周期为 π，是无界函数； 2. 在 $(k\pi-\dfrac{\pi}{2},k\pi+\dfrac{\pi}{2})$ 内单调增加 $(k\in Z)$
余切函数 $y=\cot x$	$x\neq k\pi$ $(k\in Z)$		1. 是奇函数，周期为 π，是无界函数； 2. 在 $(k\pi,k\pi+\pi)$ 内单调减少 $(k\in Z)$
反三角函数 反正弦函数 $y=\arcsin x$	$[-1,1]$		1. 奇函数，单调增加函数，有界； 2. $\arcsin(-x)=-\arcsin x$
反余弦函数 $y=\arccos x$	$[-1,1]$		1. 非奇非偶函数，单调减少函数，有界； 2. $\arccos(-x)=\pi-\arccos x$
反正切函数 $y=\arctan x$	$(-\infty,+\infty)$		1. 奇函数，单调增加函数，有界； 2. $\arctan(-x)=-\arctan x$
反余切函数 $y=\text{arccot}\,x$	$(-\infty,+\infty)$		1. 非奇非偶函数，单调减少函数，有界； 2. $\text{arccot}(-x)=\pi-\text{arccot}\,x$

2）复合函数

设函数 $y=f(u)=\sqrt{u}$，$u=\varphi(x)=x^2+1$，若要把 y 表示成 x 的函数，可表示为

$$y=f(u)=f[\varphi(x)]=f(x^2+1)=\sqrt{x^2+1}$$

这个处理过程就是函数的复合过程

[定义 3] 设 y 是变量 u 的函数 $y=f(u)$，而 u 又是变量 x 的函数 $u=\varphi(x)$，且 $\varphi(x)$ 的函数值全部或部分落在 $f(u)$ 的定义域内，那么 y 通过 u 的联系而成为 x 的函数，称为由 $y=f(u)$ 和 $u=\varphi(x)$ 复合而成的函数，简称 x 的复合函数，记作 $y=f[\varphi(x)]$，其中 u 称为中间变量.

例 7 试将下列各函数 y 表示成 x 的复合函数.

(1) $y=\sqrt[3]{u}$，$u=x^4+x^2+1$　　(2) $y=\ln u$，$u=3+v^2$，$v=\sec x$

解

(1) $y=\sqrt[3]{u}=\sqrt[3]{x^4+x^2+1}$，即

$$y=\sqrt[3]{x^4+x^2+1}$$

(2) $y=\ln u=\ln(3+v^2)=\ln(3+\sec^2 x)$，即

$$y=\ln(3+\sec^2 x)$$

例 8 指出下列各函数的复合过程.

(1) $y=\sqrt{x^2-3x+2}$　　(2) $y=e^{\cos 3x}$　　(3) $y=\ln\sqrt{\tan\dfrac{x}{3}}$

解

(1) $y=\sqrt{x^2-3x+2}$ 是由 $y=\sqrt{u}$，$u=x^2-3x+2$ 这两个函数复合而成的.

(2) $y=e^{\cos 3x}$ 是由 $y=e^u$，$u=\cos v$，$v=3x$ 这三个函数复合而成的.

(3) $y=\ln\sqrt{\tan\dfrac{x}{3}}$ 是由 $y=\ln u$，$u=\sqrt{v}$，$v=\tan m$，$m=\dfrac{x}{3}$ 这四个函数复合而成的.

注 在实际应用过程中，应注意以下 2 类情况。

①在复合过程中，中间变量可多于一个，如 $y=f(u)$，$u=\varphi(v)$，$v=\psi(x)$，复合后为 $y=f[\varphi(\psi(x))]$. 但并不是任何两个函数 $y=f(u)$，$u=\varphi(x)$ 都可复合成一个函数，只有当函数 $u=\varphi(x)$ 的值域没有超过函数 $y=f(u)$ 的定义域时，两个函数才可以复合成一个新函数，否则便不能复合，例如，$y=\sqrt{u^2-2}$，$u=\sin x$ 就不能复合.

②分析一个复合函数的复合过程时，每个函数都应是基本初等函数或常数与基本初等函数的四则运算式；当分解到常数与自变量的基本初等函数的四则运算式（我们称之为简单函数）时就不再分解了.

3）初等函数

由基本初等函数经过有限次四则运算和有限次复合步骤所构成的，并能用一个解析式表达的函数称为初等函数，否则就称非初等函数.

例如，$y=2x^2-1$，$y=\sin\dfrac{1}{x}$，$y=e^{\sin^2(2x+1)}$，$y=\text{lncose}^x$ 等都是初等函数. 许多情况下，分段函数不是初等函数，因为在定义域上不能用一个式子表示. 例如，符号函数 $y=\text{sgn}x=\begin{cases} -1 & x<0 \\ 0 & x=0 \\ 1 & x>0 \end{cases}$ 和取整数函数 $y=[x]$，$x\in R$，它们都不是初等函数. 但是

$y=|x|=\begin{cases} x & x\geqslant0 \\ -x & x<0 \end{cases}$ 是初等函数，因为 $y=|x|=\sqrt{x^2}$，它亦可看作由 $y=\sqrt{u}$，$u=x^2$ 复合而成.

微积分学中所涉及的函数，绝大多数都是初等函数，因此，掌握初等函数的特性和各种运算是非常重要的.

下列函数统称为双曲函数：

双曲正弦函数　$shx=\dfrac{e^x-e^{-x}}{2}$

双曲余弦函数　$chx=\dfrac{e^x+e^{-x}}{2}$

双曲正切函数　$thx=\dfrac{shx}{chx}=\dfrac{e^x-e^{-x}}{e^x+e^{-x}}$

它们的定义域均为$(-\infty,+\infty)$，双曲正弦和双曲正切为奇函数，双曲余弦为偶函数. 它们都是初等函数，在工程上经常使用.

同步练习 1.1

1. 下列各题中 $f(x)$ 与 $g(x)$ 是否表示同一个函数，为什么？

(1)$f(x)=\lg x^2$，$g(x)=2\lg x$　　　　(2)$f(x)=\sqrt[3]{x^3}$，$g(x)=x$

(3)$f(x)=\cos^2x+\sin^2x$，$g(x)=1$　(4)$f(x)=\dfrac{x^2-1}{x-1}$，$g(x)=x+1$

2. 求下列函数的定义域：

(1)$y=\sqrt{x^2-4x+3}$　(2)$y=\sqrt{4-x^2}+\dfrac{1}{\sqrt{x+1}}$　(3)$y=\log_2(x-3)+\sin x$　(4)$y=\ln3^x$

3. 判断下列函数的奇偶性：

(1)$f(x)=\dfrac{2^x+2^{-x}}{5}$　(2)$f(x)=\lg\dfrac{1-x}{1+x}$　(3)$f(x)=xe^x$

4. 设 $f(x)=\begin{cases} 2+x & x<0 \\ 0 & x=0 \\ x^2-1 & 0<x\leqslant4 \end{cases}$，求 $f(x)$ 的定义域及 $f(-1)$，$f(2)$ 的值，并作出它的图象.

5. 设 $f(x)=3^x$，$g(x)=\log_3x$. 求解下列值：

(1)$f(0)$　　(2)$g(\dfrac{1}{9})$　　(3)$f[g(x)]$　　(4)$g[f(3)]$

6. 下列函数能否构成复合函数？若能，写出 $y=f[u(x)]$，并求其定义域.

(1) $y=u^2$，$u=3x-1$　(2) $y=\lg u$，$u=1-x^2$　(3) $y=\sqrt{u}$，$u=-1-x^2$

7. 写出下列复合函数的复合过程：

(1) $y=\lg(3-x)$　(2) $y=2^{1-x^2}$　(3) $y=\sin^3(8x+5)$　(4) $y=\tan(\sqrt[3]{x^2+5})$

8. 用铁皮制作一个容积为 V 的圆柱形罐头筒，试将其全面积 A 表示成底半径 r 的函数.

9. 拟建一个容积为 V 的长方体水池，如果底为正方形，且其单位面积的造价是四周单位面积造价的 2 倍，试将造价 F 表示成池底面边长 x 的函数.

1.2 极　限

极限是微积分中最基本的概念，极限的方法是人们从有限中认识无限，从近似中认识精确，从量变中认识质变的一种数学方法，它是微积分的基本思想方法，微积分学中其他的一些重要概念，如导数、积分、级数等，都是用极限来定义，极限是贯穿高等数学各知识环节的主线.

本节首先讨论数列的极限，然后推广到一般函数的极限. 我们先从一个实例分析数列的变化趋势，再引出数列的概念和定义.

1.2.1　数列的极限

数列是指按自然数顺序依次排列的一串数：
$$a_1,a_2,\cdots,a_n,\cdots$$

数列中每一个数称为数列的项，其中 a_n 称为第 n 项，也称为数列的通项. 数列可简记为 $\{a_n\}$. 以下给出几个数列的例子：

$$\left\{\frac{(-1)^n}{n}\right\}:-1,\frac{1}{2},-\frac{1}{3},\frac{1}{4},-\frac{1}{5},\cdots$$

$$\left\{\frac{n}{n+1}\right\}:\frac{1}{2},\frac{2}{3},\frac{3}{4},\frac{4}{5},\frac{5}{6},\cdots$$

$$\{2n\}:2,4,6,8,10,\cdots$$

$$\left\{\frac{1+(-1)^n}{2}\right\}:0,1,0,1,0,\cdots$$

观察这四个数列在 $n\to\infty$（由于 n 只能取正整数，所以只需考虑自变量 $n\to+\infty$）时的变化趋势，可以看到，前两个数列当 $n\to+\infty$ 时，通项分别无限靠近常数 0 和 1，第 3 个数列的值无限增大，最后一个数列的值在 0 和 1 来回摆动.

［定义 4］ 对于数列 $\{a_n\}$，如果当 n 无限增大时，通项 a_n 无限逼近某个确定的常数 A，则称 A 是数列 $\{a_n\}$ 的极限，记为
$$\lim_{n\to\infty}a_n=A \text{ 或 } a_n\to A(n\to\infty)$$

并称数列 $\{a_n\}$ 收敛于 A. 若数列 $\{a_n\}$ 没有极限，则称数列 $\{a_n\}$ 是发散的.

例如，数列 $\{a_n\} = \left\{\dfrac{1}{n}\right\}$，当 $n \to \infty$ 时，$a_n \to 0$，因此 $\lim\limits_{n \to \infty} \dfrac{1}{n} = 0$. 称数列 $\left\{\dfrac{1}{n}\right\}$ 是收敛的.

又如，数列 $\{a_n\} = \{2^n\}$，当 $n \to \infty$ 时，$a_n \to \infty$，所以 $\lim\limits_{n \to \infty} 2^n$ 不存在，即数列 $\{2^n\}$ 是发散的.

对于上面的 4 个数列，前两个的极限存在

$$\lim_{n \to \infty} \frac{(-1)^n}{n} = 0$$

$$\lim_{n \to \infty} \frac{n}{n+1} = 1$$

而后两个的极限不存在，是发散的数列. 对于最后一个数列我们也称之为振荡数列，因为数列 $\left\{\dfrac{1+(-1)^n}{2}\right\}$ 的值在 1 和 0 之间来回摆动.

[定理 1]（单调有界原理） 单调有界数列一定有极限，即对 $\{a_n\}$ 而言，若有 $a_1 \geqslant a_2 \geqslant \cdots \geqslant a_n \geqslant \cdots$（递减）或 $a_1 \leqslant a_2 \leqslant \cdots \leqslant a_n \leqslant \cdots$（递增），且对一切 n，有 $|a_n| \leqslant M$（有界），则 $\{a_n\}$ 必有极限（证明从略）.

例如，数列 $\{a_n\} = \left\{\dfrac{n-1}{n+2}\right\}$ 为单调递增数列，且 $|a_n| = \left|\dfrac{n-1}{n+2}\right| \leqslant 1$ 有界，所以

$$\lim_{n \to \infty} a_n = \lim_{n \to \infty} \frac{n-1}{n+2} = 1$$

数列 $\{a_n\} = \left\{\dfrac{1}{2n^2}\right\}$ 为单调递减数列，且 $|a_n| = \left|\dfrac{1}{2n^2}\right| \leqslant \dfrac{1}{2}$ 有界，所以

$$\lim_{n \to \infty} a_n = \lim_{n \to \infty} \frac{1}{2n^2} = 0$$

1.2.2 函数的极限

下面我们研究函数的极限. 主要讨论函数 $y = f(x)$ 当自变量趋于无穷大 $(x \to \infty)$ 时和自变量趋于有限值 $(x \to x_0)$ 时两种情况的极限.

1）当 $x \to \infty$ 时，函数 $f(x)$ 的极限

$x \to \infty$ 表示自变量 x 的绝对值无限增大，为加以区别，把 $x > 0$ 且无限增大记为 $x \to +\infty$；把 $x < 0$ 且其绝对值无限增大记为 $x \to -\infty$.

反比例函数 $y = \dfrac{1}{x}$ 的图象（图 1-8），x 轴是曲线的一条水平渐近线，也就是说当自变量 x 的绝对值无限增大时，相应的函数值 y 无限逼近常数 0，像这种当 $x \to \infty$ 时，函数 $f(x)$ 的变化趋势，我们有如下定义：

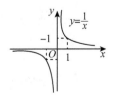

图 1-8

[定义 5] 如果 $|x|$ 无限增大时，函数 $f(x)$ 的值无限趋近于一个确定的常数 A，则称 A 是函数 $f(x)$ 当 $x \to \infty$ 时的极限，记作

$$\lim_{x\to\infty} f(x)=A, \text{或 } f(x)\to A(x\to\infty)$$

如果当 $x\to+\infty(x\to-\infty)$ 时，函数 $f(x)$ 无限趋近于一个常数 A，则称 A 为函数 $f(x)$ 当 $x\to+\infty(x\to-\infty)$ 时的极限，记为

$$\lim_{x\to+\infty} f(x)=A \quad (\lim_{x\to-\infty} f(x)=A)$$

或

$$f(x)\to A, x\to+\infty(x\to-\infty)$$

由定义，则有

$$\lim_{x\to\infty} \frac{1}{x}=0, \ \lim_{x\to+\infty} \frac{1}{x}=0, \ \lim_{x\to-\infty} \frac{1}{x}=0$$

[定理2] $\lim\limits_{x\to\infty} f(x)=A$ 的充分必要条件是 $\lim\limits_{x\to+\infty} f(x)=\lim\limits_{x\to-\infty} f(x)=A$

如果当 $|x|$ 无限增大时，函数 $f(x)$ 不趋于某一个常数，此时，我们就称 $x\to\infty$ 时，$f(x)$ 的极限不存在（或称为发散）. 例如，函数 $y=\sin x$，当 $x\to\infty$ 时，函数值始终在 -1 与 1 之间振荡，所以 $y=\sin x$ 当 $x\to\infty$ 时极限不存在. 又如，函数 $y=x^2$ 当 $x\to\infty$ 时，函数值是无限增大的，所以 $y=x^2$ 当 $x\to\infty$ 时极限不存在，我们也常记为

$$\lim_{x\to+\infty} x^2=\infty \text{或} x^2\to\infty(x\to\infty)$$

2）当 $x\to x_0$ 时，函数 $f(x)$ 的极限

与 $x\to\infty$ 的情形类似，$x\to x_0$ 表示 x 无限趋近于 x_0，它包含以下两种情况

①x 是从大于 x_0 的方向趋近于 x_0，记作 $x\to x_0^+$（或 $x\to x_0+0$）；

②x 是从小于 x_0 的方向趋近于 x_0，记作 $x\to x_0^-$（或 $x\to x_0-0$）.

显然 $x\to x_0$ 是指以上两种情况同时存在.

考察当 $x\to1$ 时，函数 $f(x)=\dfrac{x^2-1}{x-1}$ 的变化趋势见表 1-2、表 1-3.

表 1-2

x	0.5	0.7	0.9	0.99	0.999	...	$\to1^-$
$f(x)=\dfrac{x^2-1}{x-1}$	1.5	1.7	1.9	1.99	1.999	...	$\to2$

表 1-3

x	1.5	1.2	1.1	1.01	1.0001	...	$\to1^+$
$f(x)=\dfrac{x^2-1}{x-1}$	2.5	2.2	2.1	2.01	2.0001	...	$\to2$

注意到当 $x\neq1$ 时，函数 $f(x)=\dfrac{x^2-1}{x-1}=x+1$，所以当 $x\to1$ 时，$f(x)$ 的值无限接近于常数 2，如图 1-9 所示，像这种当 $x\to x_0$ 时，函数 $f(x)$ 的变化趋势，我们有如下定义：

[定义6] 设函数 $f(x)$ 在点 x_0 的左右近旁有定义（x_0 点可以除外），如果当自变量 x 趋近于 $x_0(x\neq x_0)$ 时，函数 $f(x)$ 的值无限趋近于一个确定的常数 A，则称 A

为函数 $f(x)$ 当 $x \to x_0$ 时的极限,记作

$$\lim_{x \to x_0} f(x) = A$$

或

$$f(x) \to A(x \to x_0)$$

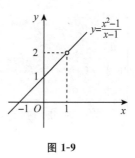

图 1-9

从上面的例子还可以看出,虽然 $f(x) = \dfrac{x^2-1}{x-1}$ 在 $x=1$ 处没有定义,但当 $x \to 1$ 时函数 $f(x)$ 的极限却是存在的,所以当 $x \to x_0$ 时函数 $f(x)$ 的极限与函数在 $x \to x_0$ 处是否有定义无关.

由定义,不难得出:

① $\lim\limits_{x \to x_0} C = C$($C$ 是常数);

② $\lim\limits_{x \to x_0} x = x_0$.

上面讨论了 $x \to x_0$ 时函数 $f(x)$ 的极限,对于 $x \to x_0^+$ 或 $x \to x_0^-$ 时的情形,有如下定义:

[定义 7] 如果当 $x \to x_0^-$($x \to x_0^+$)时,函数 $f(x)$ 的值无限趋近于一个确定的常数 A,则称 A 为函数 $f(x)$ 当 $x \to x_0^-$($x \to x_0^+$)时的左(右)极限,记作

$$\lim_{x \to x_0^-} f(x) = A \left(\lim_{x \to x_0^+} f(x) = A \right)$$

或

$$f(x_0 - 0) = A(f(x_0 + 0) = A)$$

左极限和右极限统称为单侧极限,显然,函数的极限与左、右极限有如下关系:

[定理 3] $\lim\limits_{x \to x_0} f(x) = A$ 成立的充分必要条件是

$$\lim_{x \to x_0^-} f(x) = \lim_{x \to x_0^+} f(x) = A$$

这个定理常用来判断函数的极限是否存在.

例 1 讨论函数 $f(x) = \begin{cases} x+1 & x<0 \\ 1-x & x>0 \end{cases}$ 当 $x=0$ 处时的极限.

解 当 $x \to 0$ 时,则有

$$\lim_{x \to 0^-} f(x) = \lim_{x \to 0^-} (x+1) = 1$$

$$\lim_{x \to 0^+} f(x) = \lim_{x \to 0^+} (1-x) = 1$$

左右极限相等,因此 $x \to 0$ 时,$f(x)$ 的极限存在且

$$\lim_{x \to 0} f(x) = 1$$

例 2 讨论函数 $f(x) = \begin{cases} x+1 & x<0 \\ x^2 & 0 \leqslant x < 1 \\ 1 & x \geqslant 1 \end{cases}$ ($x \to 0, x \to$

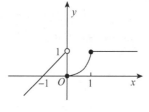

图 1-10

1)时的极限(图 1-10).

解 当 $x \to 0$ 时,则有

$$f(0-0) = \lim_{x \to 0^-} f(x) = \lim_{x \to 0^-} (x+1) = 1$$

$$f(0+0) = \lim_{x \to 0^+} f(x) = \lim_{x \to 0^+} x^2 = 0$$

由于 $f(0-0) \neq f(0+0)$，因此

$$\lim_{x \to 0} f(x) \text{不存在}.$$

当 $x \to 1$ 时，则有

$$f(1-0) = \lim_{x \to 1^-} f(x) = \lim_{x \to 1^-} x^2 = 1$$

$$f(1+0) = \lim_{x \to 1^+} f(x) = \lim_{x \to 1^+} 1 = 1$$

由于 $f(1-0) = f(1+0) = 1$，因此 $\lim\limits_{x \to 1} f(x) = 1$

此例表明，求分段函数在分界点的极限通常要分别考察其左右极限.

特别指出，本书中凡不标明自变量变化过程的极限号 $\lim$，均表示变化过程适用于 $x \to x_0$，$x \to \infty$ 等所有情形.

同步练习 1.2

1.写出下列数列的前五项，观察其变化趋势，求出它们的极限：

$(1) a_n = \dfrac{1}{2^n}$　　　$(2) a_n = \dfrac{n}{2n+1}$　　　$(3) a_n = (-1)^n \dfrac{1}{n}$

$(4) a_n = 3 - \dfrac{1}{n^2}$　　　$(5) a_n = \dfrac{1}{n} \cos \dfrac{\pi}{n}$

2.根据函数的图象，讨论下列各函数的极限：

$(1) \lim\limits_{x \to \infty} \dfrac{1}{1+x}$　　$(2) \lim\limits_{x \to +\infty} \left(\dfrac{1}{3}\right)^x$　　$(3) \lim\limits_{x \to -\infty} 5^x$　　$(4) \lim\limits_{x \to 0} \sin x$

$(5) \lim\limits_{x \to 0} \cos x$　　$(6) \lim\limits_{x \to 1} (2+x^2)$　　$(7) \lim\limits_{x \to 0} \sqrt{x}$　　$(8) \lim\limits_{x \to -2} \dfrac{x^2-4}{x+2}$

3.作出函数 $f(x) = \begin{cases} x & 0 < x \leqslant 3 \\ 3x+1 & 3 < x < 5 \end{cases}$ 的图象，并求出当 $x \to 3$ 时 $f(x)$ 的左、右极限.

4.设函数 $f(x) = \begin{cases} x+1 & x < 0 \\ 0 & x = 0 \\ x^2-1 & x > 0 \end{cases}$，分别讨论 $x \to 1$ 及 $x \to 0$ 时函数的极限，并画出函数图像.

5.设 $f(x) = \dfrac{x}{x}$，$g(x) = \dfrac{|x|}{x}$，当 $x \to 0$ 时分别求 $f(x)$ 与 $g(x)$ 的左右极限，讨论 $\lim\limits_{x \to 0} f(x)$，$\lim\limits_{x \to 0} g(x)$ 是否存在？

1.3　无穷小量与无穷大量

1.3.1　无穷小量

在实际问题中,我们经常遇到极限为零的变量,例如,单摆离开垂直位置摆动时,由于受到空气阻力和机械摩擦力的作用,它的振幅随着时间的增加而逐渐减少并逐渐趋于零. 又如,电容器放电时,其电压随着时间的增加而逐渐减少并趋于零. 对于这类变量我们有如下定义:

1)无穷小量的定义

当 $x \to x_0$(或 $x \to \infty$)时,如果函数 $f(x)$ 的极限为零,则称 $f(x)$ 为当 $x \to x_0$(或 $x \to \infty$)时的无穷小量,简称无穷小,记为

$$\lim f(x) = 0 \ (\text{或} \ f(x) \to 0)$$

例如,$\lim\limits_{x \to \infty} \dfrac{1}{x} = 0$,. 所以函数 $f(x) = \dfrac{1}{x}$ 为当 $x \to \infty$ 时的无穷小;但当 $x \to 1$ 时,$\dfrac{1}{x} \to 1$,$f(x) = \dfrac{1}{x}$ 就不是无穷小.

因此,讨论一个函数 $f(x)$ 是无穷小量时,必须指出自变量 x 的变化趋向,应当指出,常量中只有"0"是无穷小量,其它的都不是.

2)无穷小量的性质(证明从略)

■**性质**　无穷小量的性质如下:

①有限个无穷小量的代数和还是无穷小量.

②有限个无穷小量的乘积还是无穷小量.

③有界函数与无穷小量的乘积为无穷小量.

④常数与无穷小量的乘积为无穷小量.

例 1　求 $\lim\limits_{x \to \infty} \dfrac{\cos x}{x}$.

解　由于 $\lim\limits_{x \to \infty} \dfrac{1}{x} = 0$,$|\cos x| \leqslant 1$,由性质③得

$$\lim\limits_{x \to \infty} \dfrac{\cos x}{x} = 0$$

3)函数极限与无穷小量的关系

[定理 4]　$\lim f(x) = A$ 的充要条件是 $f(x) = A + \alpha$,其中 $\lim \alpha = 0$.

证明

必要性:若 $\lim f(x) = A$,设 $\alpha = f(x) - A$,则

$$\lim \alpha = \lim [f(x) - A] = A - A = 0$$

即 α 当 $x \to x_0$($x \to \infty$)时为无穷小,显然有 $f(x) = A + \alpha$

充分性：设 $f(x)=A+\alpha$，且 $\lim\alpha=0$，则

$$\lim f(x)=\lim(A+\alpha)=A+0=A$$

常称这个定理为极限基本定理.

1.3.2 无穷大量

无穷大量与无穷小量是相对应的.

如果当 $x\to x_0(x\to\infty)$ 时，函数 $f(x)$ 的绝对值无限增大，则称 $f(x)$ 为当 $x\to x_0$ $(x\to\infty)$ 时的无穷大量，简称无穷大，记为

$$\lim f(x)=\infty（或 f(x)\to\infty）$$

如果当 $x\to x_0(x\to\infty)$ 时，函数 $f(x)>0$ 且 $f(x)$ 无限增大，则称 $f(x)$ 为当 $x\to x_0(x\to\infty)$ 时的正无穷大，记为

$$\lim f(x)=+\infty（或 f(x)\to+\infty）$$

类似地，可以定义负无穷大，$\lim f(x)=-\infty$（或 $f(x)\to-\infty$）.

例如，当 $a>1$ 时，有

$$\lim_{x\to 0^+}\log_a x=-\infty,\ \lim_{x\to+\infty}\log_a x=+\infty,\ \lim_{x\to+\infty}a^x=+\infty$$

注 在实际应用中，应注意以下 3 个种情况

①说一个函数是无穷大量时，必须要指明自变量变化的趋向；

②任何一个不论多大的常数，都不是无穷大量；

③"极限为 ∞"说明这个极限不存在，只是借用记号"∞"来表示 $|f(x)|$ 无限增大的这种趋势，虽然用等式表示，但并不是"真正的"相等.

1.3.3 无穷小量与无穷大量的关系

[定理 5] 如果 $\lim f(x)=\infty$，则

$$\lim\frac{1}{f(x)}=0$$

反之，如果 $\lim f(x)=0$，且 $f(x)\neq 0$，则

$$\lim\frac{1}{f(x)}=\infty$$

例 2 求 $\lim\limits_{x\to t}\dfrac{2x-1}{x-1}$.

解 因为当 $x\to 1$ 时，分母的极限为 0，所以不能运用极限运算法则. 而极限

$$\lim_{x\to 1}\frac{x-1}{2x-1}=0$$

即当 $x\to 1$ 时，$\dfrac{1}{f(x)}=\dfrac{x-1}{2x-1}$ 是无穷小，那么 $f(x)=\dfrac{2x-1}{x-1}$ 是当 $x\to 1$ 时的无穷大，由定理 5 知

$$\lim_{x\to t}\frac{2x-1}{x-1}=\infty$$

1.3.4 无穷小量的比较

无穷小量虽然都是以零为极限的量,但不同的无穷小趋近于零的"速度"却不一定相同,有时可能差别很大.例如,当 $x \to 0$ 时,$x, 2x, x^2$ 都是无穷小,但它们趋向于零的速度不一样(表 1-4).

表 1-4

x	1	0.5	0.1	0.01	0.001	⋯
$2x$	2	1	0.2	0.02	0.002	⋯
x^2	1	0.25	0.01	0.0001	0.000001	⋯

从表中可以看出当 $x \to 0$ 时,x^2 比 x、$2x$ 趋于零的速度都快得多,x 和 $2x$ 趋于零的速度大致相仿.

[定义 8]　设 α 和 β 都是当 $x \to x_0$(或 $x \to \infty$)时的无穷小量.

①如果 $\lim \dfrac{\beta}{\alpha} = 0$,则称 β 是比 α 高阶的无穷小;

②如果 $\lim \dfrac{\beta}{\alpha} = \infty$,则称 β 是比 α 低阶的无穷小;

③如果 $\lim \dfrac{\beta}{\alpha} = c$($c$ 为非零常数),则称 α 与 β 为同阶无穷小;特别当 $c=1$ 时,则称 α 与 β 为等价无穷小,记为 $\alpha \sim \beta$.

由于 $\lim\limits_{x \to 0} \dfrac{x^2}{2x} = 0$,$\lim\limits_{x \to 0} \dfrac{x}{x^2} = \infty$,$\lim\limits_{x \to 0} \dfrac{x}{2x} = \dfrac{1}{2}$,因此,当 $x \to 0$ 时,x^2 是比 $2x$ 高阶的无穷小,x 是比 x^2 低阶的无穷小,x 和 $2x$ 是同阶的无穷小.

等价的无穷小必然是同阶的无穷小,但同阶的无穷小不一定是等价的无穷小.

【同步练习 1.3】

1. 判断正误(对的打"√",错的打"×").

(1)无穷小量是一个很小的数　　　　　　　　　　　　　　　(　)

(2)0 是无穷小量　　　　　　　　　　　　　　　　　　　(　)

(3)无穷大量是一个很大的数　　　　　　　　　　　　　　(　)

(4)$1000^{1000000}$ 是无穷大量　　　　　　　　　　　　　　(　)

(5)无穷小量和无穷大量是互为倒数的量　　　　　　　　　(　)

(6)一个函数乘以无穷小量后为无穷小量　　　　　　　　　(　)

2. 在下列试题中,哪些是无穷小量?哪些是无穷大量?

(1)$y_n = (-1)^{n-1} \dfrac{1}{2^n}$ $(n \to +\infty)$　　(2)$y = \dfrac{x^2}{3x+1}$ $\left(x \to -\dfrac{1}{3}\right)$　(3)$y = \ln x$ $(x \to 0^+)$

(4)$y = \dfrac{x+3}{x^2-4}$ $(x \to -2)$　　(5)$y = \dfrac{1}{3^x}$ $(x \to -\infty)$　　(6)$y = \dfrac{\sin\theta}{1+\sec\theta}$ $(\theta \to 0)$

3.求下列各函数极限：

(1) $\lim\limits_{x\to\infty}\dfrac{\sin x}{x^2}$　(2) $\lim\limits_{x\to\infty}\dfrac{1}{x}\cos\dfrac{1}{x}$　(3) $\lim\limits_{n\to\infty}\dfrac{\cos n^2}{n}$　(4) $\lim\limits_{x\to0}\dfrac{1+\cos x}{\tan x^2}$

4.求出下列各题的高阶无穷小：

(1)当 $x\to0$ 时, $100x^3$ 与 x^4　(2)当 $x\to+\infty$ 时, $1-\sqrt{x}$ 与 $1-x$

(3)当 $x\to\infty$ 时, $\dfrac{1}{x}$ 与 $\dfrac{1}{x^2}$　(4)当 $x\to0$ 时, $\sin x^2$ 与 $\tan x$

1.4　极限的运算

为了求比较复杂的函数极限,往往要用到极限的运算法则.现叙述如下.

1.4.1　极限的四则运算法则

若 $\lim f(x)=A$, $\lim g(x)=B$, 则

①$\lim[f(x)\pm g(x)]=\lim f(x)\pm\lim g(x)=A\pm B$;

②$\lim[f(x)g(x)]=\lim f(x)\lim g(x)=AB$. 特别地 $\lim cf(x)=c\lim f(x)$(c 为常数)；

③当 $B\neq0$, $\lim\dfrac{f(x)}{g(x)}=\dfrac{\lim f(x)}{\lim g(x)}=\dfrac{A}{B}$.

法则①、②可以推广到有限个函数的情形.这些法则通常称为极限的四则运算法则.

■推论　特别地,若 n 为正整数,有以下推论：

①$\lim[f(x)]^n=[\lim f(x)]^n=A^n$.

②$\lim\sqrt[n]{f(x)}=\sqrt[n]{\lim f(x)}=\sqrt[n]{A}$ （ n 为偶数时,要假设 $\lim f(x)>0$）.

例 1　求 $\lim\limits_{x\to2}(4x^2+3)$.

解

$$\lim_{x\to2}(4x^2+3)=\lim_{x\to2}4x^2+\lim_{x\to2}3=4(\lim_{x\to2}x)^2+3=4\times2^2+3=19$$

一般地,如果函数 $y=f(x)$ 为多项式,则 $\lim\limits_{x\to x_0}f(x)=f(x_0)$；如果 $\dfrac{f(x)}{g(x)}$ 为有理分式函数,且 $g(x_0)\neq0$ 时,则有

$$\lim_{x\to x_0}\frac{f(x)}{g(x)}=\frac{f(x_0)}{g(x_0)}$$

例 2　求 $\lim\limits_{x\to2}\dfrac{x-3}{x^2-9}$.

解　当 $x\to2$ 时,分母的极限不为零,可利用商的极限法则,则有

$$\lim_{x \to 2} \frac{x-3}{x^2-9} = \frac{\lim_{x \to 2}(x-3)}{\lim_{x \to 2}(x^2-9)} = \frac{1}{5}$$

例 3 求 $\lim_{x \to 3} \dfrac{x-3}{x^2-9}$.

解 由于 $\lim_{x \to 3}(x^2-9)=0$ 因此不能直接用法则③,又 $\lim_{x \to 3}(x-3)=0$,因此求此分式极限时,应首先约去非零因子 $x-3$,于是

$$\lim_{x \to 3} \frac{x-3}{x^2-9} = \lim_{x \to 3} \frac{x-3}{(x-3)(x+3)} = \lim_{x \to 3} \frac{1}{x+3} = \frac{1}{6}$$

注 上面的变形只能是在求极限的过程中进行,不要误认为函数 $\dfrac{x-3}{x^2-9}$ 与函数 $\dfrac{1}{x+3}$ 是同一函数.

例 4 求 $\lim_{x \to \infty} \dfrac{x-3}{x^2-9}$.

解 当 $x \to \infty$ 时,分子、分母极限都是无穷大,此时可以用分子、分母中 x 的最高次幂 x^2 同除分子、分母,然后再求极限,则有

$$\lim_{x \to \infty} \frac{x-3}{x^2-9} = \lim_{x \to \infty} \frac{\dfrac{1}{x} - \dfrac{3}{x^2}}{1 - \dfrac{9}{x^2}} = \frac{\lim_{x \to \infty} \dfrac{1}{x} - \lim_{x \to \infty} \dfrac{3}{x^2}}{1 - \lim_{x \to \infty} \dfrac{9}{x^2}} = \frac{0}{1} = 0$$

一般地,设 $a_0 \neq 0, b_0 \neq 0, m, n$ 为正整数,则有

$$\lim_{x \to \infty} \frac{a_0 x^n + a_1 x^{n-1} + \cdots + a_n}{b_0 x^m + b_1 x^{m-1} + \cdots + b_m} = \begin{cases} \dfrac{a_0}{b_0} & m=n \\ 0 & m>n \\ \infty & m<n \end{cases}$$

例 5 求 $\lim_{x \to \infty} \dfrac{3x^3 + 5x - 2}{9x^3 - 2x^2 + 6}$.

解 由上面结论,可知

$$\lim_{x \to \infty} \frac{3x^3 + 5x - 2}{9x^3 - 2x^2 + 6} = \frac{3}{9} = \frac{1}{3}$$

注 当 $x \to x_0$(或 $x \to \infty$)时:

①若分式的分子、分母的极限均为无穷小时,简记为"$\dfrac{0}{0}$"型;

②若分式的分子、分母的极限均为无穷大时,简记为"$\dfrac{\infty}{\infty}$"型;

③若减数和被减数均为 ∞,简记为"$\infty - \infty$"型,此类型可经过恒等变形变为"$\dfrac{\infty}{\infty}$"型.

例 6 求 $\lim_{x \to 0} \dfrac{x}{2 - \sqrt{4+x}}$.

解 由于 $x \to 0$ 时,所求极限为"$\frac{0}{0}$"型,不能直接用法则③,用初等代数方法使分母有理化,则有

$$\lim_{x \to 0} \frac{x}{2 - \sqrt{4+x}} = \lim_{x \to 0} \frac{x(2 + \sqrt{4+x})}{(2 - \sqrt{4+x})(2 + \sqrt{4+x})} = \lim_{x \to 0} \frac{x(2 + \sqrt{4+x})}{-x}$$

$$= \lim_{x \to 0} (-2 - \sqrt{4+x}) = -4$$

例 7 求极限 $\lim\limits_{x \to 1} \left(\dfrac{2}{x^2 - 1} - \dfrac{1}{x - 1} \right)$.

解 $x \to 1$ 时,所求极限为"$\infty - \infty$"型,先通分、化简再求极限,则有

$$\lim_{x \to 1} \left(\frac{2}{x^2 - 1} - \frac{1}{x - 1} \right) = \lim_{x \to 1} \frac{2 - (x + 1)}{x^2 - 1} = \lim_{x \to 1} \frac{-(x - 1)}{x^2 - 1} = \lim_{x \to 1} \frac{-1}{x + 1} = -\frac{1}{2}$$

1.4.2 两个重要极限

在求函数极限时,经常要用到两个重要极限.

1) $\lim\limits_{x \to 0} \dfrac{\sin x}{x} = 1$

我们取 $|x|$ 的一系列趋于零的数值时,得到 $y = g(x)$ 的一系列对应值(表 1-5).

表 1-5

x	$\pm \frac{\pi}{9}$	$\pm \frac{\pi}{18}$	$\pm \frac{\pi}{36}$	$\pm \frac{\pi}{72}$	$\pm \frac{\pi}{144}$	$\pm \frac{\pi}{288}$	$\cdots$	$\to 0$
$\frac{\sin x}{x}$	0.97982	0.99493	0.99873	0.99968	0.99992	0.99998	$\cdots$	$\to 1$

从表中可见,当 $|x|$ 愈来愈接近于零时,$\dfrac{\sin x}{x}$ 的值愈来愈接近于 1,可以证明

$$\lim_{x \to 0} \frac{\sin x}{x} = 1 \text{(证略)}$$

注 此重要极限有两个特征:

① 当 $x \to 0$ 时,分子、分母的极限均为无穷小,分式为"$\frac{0}{0}$"型;

② 正弦符号后面的变量与分母的变量完全相同,即 $\lim\limits_{x \to 0} \dfrac{\sin x}{x} = 1$($x$ 代表同一变量).

例 8 求 $\lim\limits_{x \to 0} \dfrac{\sin 3x}{2x}$.

解

$$\lim_{x \to 0} \frac{\sin 3x}{2x} = \lim_{x \to 0} \frac{\sin 3x}{3x} \cdot \frac{3}{2} = \frac{3}{2} \lim_{3x \to 0} \frac{\sin 3x}{3x} = \frac{3}{2}$$

例 9 求 $\lim\limits_{x \to 0} \dfrac{\tan x}{x}$.

解

$$\lim_{x\to 0}\frac{\tan x}{x}=\lim_{x\to 0}\left(\frac{\sin x}{x}\cdot\frac{1}{\cos x}\right)=\lim_{x\to 0}\frac{\sin x}{x}\cdot\lim_{x\to 0}\frac{1}{\cos x}=1$$

例 10　求 $\lim\limits_{x\to 0}\dfrac{1-\cos x}{x^2}$.

解

$$\lim_{x\to 0}\frac{1-\cos x}{x^2}=\lim_{x\to 0}\frac{2\sin^2\dfrac{x}{2}}{4\left(\dfrac{x}{2}\right)^2}=\frac{1}{2}\lim_{x\to 0}\left(\frac{\sin\dfrac{x}{2}}{\dfrac{x}{2}}\right)^2$$

$$=\frac{1}{2}\left(\lim_{\frac{x}{2}\to 0}\frac{\sin\dfrac{x}{2}}{\dfrac{x}{2}}\right)^2=\frac{1}{2}$$

例 11　求 $\lim\limits_{x\to \pi}\dfrac{\sin x}{\pi-x}$

解　令 $\pi-x=t$,则 $x=\pi-t$,当 $x\to\pi$ 时,$t\to 0$,则有

$$\lim_{x\to\pi}\frac{\sin x}{\pi-x}=\lim_{t\to 0}\frac{\sin(\pi-t)}{t}=\lim_{t\to 0}\frac{\sin t}{t}=1$$

由于 $\lim\limits_{x\to 0}\dfrac{\sin x}{x}=1,\lim\limits_{x\to 0}\dfrac{\tan x}{x}=1$,所以我们称,当 $x\to 0$ 时,$\sin x\sim x,\tan x\sim x$. 类似当 $x\to 0$ 时,则有

$$1-\cos x\sim\frac{x^2}{2}\qquad \ln(1+x)\sim x\qquad e^x-1\sim x\qquad \sqrt{1+x}-1\sim\frac{x}{2}$$

$$\sin ax\sim ax\qquad\qquad \tan ax\sim ax\qquad\qquad \arcsin x\sim x\qquad \arctan x\sim x$$

例 12　求 $\lim\limits_{x\to 0}\dfrac{x\tan x}{1-\cos x}$.

解　因为当 $x\to 0$ 时,有 $\tan x\sim x,1-\cos x\sim\dfrac{x^2}{2}$,所以

$$\lim_{x\to 0}\frac{x\tan x}{1-\cos x}=\lim_{x\to 0}\frac{x^2}{\dfrac{x^2}{2}}=2$$

注　应用等价的无穷小求极限时,要注意以下两点:

①分子分母都是无穷小;

②用等价的无穷小代替时,只能替换整个分子或者分母中的因子,而不能替换分子或分母中的项.

2) $\boldsymbol{\lim\limits_{x\to\infty}\left(1+\dfrac{1}{x}\right)^x=e}$ $(e=2.7182818\cdots$是无理数$)$

我们先列表观察 $\left(1+\dfrac{1}{x}\right)^x$ 的变化趋势(表 1-6、表 1-7).

表 1-6

x	10	10^2	10^3	10^4	10^5	10^6	$\cdots\rightarrow+\infty$
$(1+\frac{1}{x})^x$	2.59374	2.70481	2.71692	2.71815	2.71827	2.71828	$\cdots\rightarrow e$

表 1-7

x	-10	-10^2	-10^3	-10^4	-10^5	-10^6	$\cdots\rightarrow-\infty$
$(1+\frac{1}{x})^x$	2.86792	2.73200	2.71964	2.71841	2.71830	2.71828	$\cdots\rightarrow e$

由以上两个表可以得知,当 $|x|\rightarrow\infty$ 时,函数 $(1+\frac{1}{x})^x$ 的值无限地接近于常数 e $=2.7182818\cdots$,记这个常数为 e(为无理数),即

$$\lim_{x\to\infty}\left(1+\frac{1}{x}\right)^x=e\ (证略)$$

注 此重要极限有两个特征:

① 当 $x\rightarrow\infty$ 时,$\left(1+\frac{1}{x}\right)\rightarrow1$,我们常称之为"$1^{\infty}$"型;

令 $\frac{1}{x}=t$,则当 $x\rightarrow\infty$ 时,$t\rightarrow0$,于是这个极限又可写成另一种等价形式,则有

$$\lim_{t\to0}(1+t)^{\frac{1}{t}}=e$$

② 它可以形象表示为 $\lim_{x\to\infty}\left(1+\frac{1}{x}\right)^x=e$($x$ 代表同一变量).

例 13 求 $\lim\limits_{x\to\infty}\left(1+\frac{2}{x}\right)^x$.

解 所求极限为"1^{∞}"型. 则有

$$\lim_{x\to\infty}\left(1+\frac{2}{x}\right)^x=\lim_{x\to\infty}\left[\left(1+\frac{1}{\frac{x}{2}}\right)^{\frac{x}{2}}\right]^2=e^2$$

例 14 求 $\lim\limits_{x\to\infty}(1-\frac{3}{x})^x$.

解 所求极限为"1^{∞}"型. 则有

$$\lim_{x\to\infty}\left(1-\frac{3}{x}\right)^x=\lim_{x\to\infty}\left[\left(1+\frac{1}{-\frac{x}{3}}\right)^{-\frac{x}{3}}\right]^{-3}=e^{-3}$$

例 15 求 $\lim\limits_{x\to\infty}\left(\frac{x+3}{x-1}\right)^{x+3}$.

解法一

$$\lim_{x\to\infty}\left(\frac{x+3}{x-1}\right)^{x+3}=\lim_{x\to\infty}\left(\frac{1+\frac{3}{x}}{1-\frac{1}{x}}\right)^{x+3}=\frac{\lim\limits_{x\to\infty}\left(1+\frac{3}{x}\right)^{x+3}}{\lim\limits_{x\to\infty}\left(1-\frac{1}{x}\right)^{x+3}}$$

$$= \frac{\lim\limits_{x\to\infty}\left(1+\frac{3}{x}\right)^x \lim\limits_{x\to\infty}\left(1+\frac{3}{x}\right)^3}{\lim\limits_{x\to\infty}\left(1-\frac{1}{x}\right)^x \lim\limits_{x\to\infty}\left(1-\frac{1}{x}\right)^3} = \frac{\left[\lim\limits_{x\to\infty}\left(1+\frac{3}{x}\right)^{\frac{x}{3}}\right]^3}{\left[\lim\limits_{x\to\infty}\left(1-\frac{1}{x}\right)^{-x}\right]^{-1}}$$

$$= \frac{e^3}{e^{-1}} = e^4$$

解法二

$$\lim_{x\to\infty}\left(\frac{x+3}{x-1}\right)^{x+3} = \lim_{x\to\infty}\left(1+\frac{4}{x-1}\right)^{x+3}$$

令 $t=\frac{4}{x-1}$,则

$$x=\frac{4}{t}+1, x+3=\frac{4}{t}+4$$

由于当 $x\to\infty$ 时,$t\to0$,所以

$$\lim_{x\to\infty}\left(\frac{x+3}{x-1}\right)^{x+3} = \lim_{t\to0}(1+t)^{\frac{4}{t}+4} = \lim_{t\to0}\left[(1+t)^{\frac{4}{t}} \cdot (1+t)^4\right]$$

$$= \left[\lim_{t\to0}(1+t)^{\frac{1}{t}}\right]^4 \left[\lim_{t\to0}(1+t)\right]^4 = e^4$$

【同步练习 1.4】

1.求下列极限:

(1) $\lim\limits_{x\to-2}(3x^2+7x-2)$ (2) $\lim\limits_{x\to0}\left(2-\frac{3}{x-1}\right)$ (3) $\lim\limits_{x\to\infty}\frac{3x^2+5x+1}{4x^2-2x+5}$ (4) $\lim\limits_{x\to\infty}\frac{3x^2+x+6}{x^4-3x^2+3}$

(5) $\lim\limits_{n\to\infty}\frac{1+2+\cdots+n}{n^2}$ (6) $\lim\limits_{n\to\infty}\frac{\sin n}{n+1}$ (7) $\lim\limits_{x\to2}\frac{x-2}{x^2-x-2}$ (8) $\lim\limits_{x\to0}\frac{5x^3-2x^2+x}{4x^2+2x}$

(9) $\lim\limits_{x\to1}\frac{x^3-1}{x-1}$ (10) $\lim\limits_{x\to0}\frac{x^2}{1-\sqrt{1+x^2}}$ (11) $\lim\limits_{x\to+\infty}\frac{\sqrt{x^2+1}-1}{x}$ (12) $\lim\limits_{x\to1}\left(\frac{2}{x^2-1}-\frac{1}{x-1}\right)$

(13) $\lim\limits_{x\to\infty}\frac{\sin 2x}{x^2}$ (14) $\lim\limits_{x\to\infty}\frac{(2x+1)^{35}(4x-3)^5}{(2x+3)^{40}}$

2.若 $\lim\limits_{x\to3}\frac{x^2-2x+k}{x-3}=4$,求 k 的值.

3.求下列极限:

(1) $\lim\limits_{x\to0}\frac{\sin x}{x}$ (2) $\lim\limits_{x\to0}x\sin\frac{1}{x}$ (3) $\lim\limits_{x\to\infty}\frac{\sin x}{x}$ (4) $\lim\limits_{x\to\infty}x\sin\frac{1}{x}$

4.求下列极限:

(1) $\lim\limits_{x\to0}\frac{\sin 4x}{\sin 6x}$ (2) $\lim\limits_{x\to0}\frac{x}{\tan 5x}$ (3) $\lim\limits_{x\to0}\frac{\tan x-\sin x}{x}$ (4) $\lim\limits_{x\to0}\frac{2(1-\cos x)}{x\sin x}$ (5) $\lim\limits_{x\to0^+}\frac{x}{\sqrt{1-\cos x}}$

(6) $\lim\limits_{x\to\infty}x^2\sin^2\frac{1}{x}$ (7) $\lim\limits_{x\to\infty}\left(1+\frac{6}{x}\right)^x$ (8) $\lim\limits_{x\to0}(1+2x)^{\frac{1}{x}}$ (9) $\lim\limits_{x\to\infty}(1-\frac{2}{x})^{x+3}$

1.5 函数的连续性

1.5.1 函数连续性的概念

自然现象中连续变动的量,用函数来描述时都有这样一个特点:当自变量的值改变非常小时,相应的函数值的改变也非常小.例如,树木的高度是时间的函数,在很短的时间内,树木高度的变化是连续变化的.这种现象反映在数学上就是函数的连续性.

下面我们先引进增量的概念,然后再给出连续性的定义.

1)增量

设变量 u 从它的初值 u_0 变到终值 u_1,则终值与初值之差 $u_1 - u_0$ 就称为变量 u 的增量,又称为 u 的改变量,记作 Δu,即 $\Delta u = u_1 - u_0$.

注　改变量可以是正的也可以是负的.

为便于研究函数 $y = f(x)$ 在点 x_0 附近的变化情况,把点 x_0 附近的点 x 记为 $x_0 + \Delta x$,这时 $\Delta x = x - x_0$ 称为自变量由 x_0 变到 $x = x_0 + \Delta x$ 的增量(或称改变量).当自变量 x 由 x_0 变到 $x_0 + \Delta x$ 时,函数值由 $f(x_0)$ 变到 $f(x_0 + \Delta x)$.我们称 $f(x_0 + \Delta x) - f(x_0)$ 为函数 $y = f(x)$ 在点 x_0 处的增量(或称改变量),如图 1-11 所示,记为

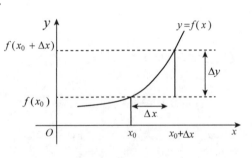

图 1-11

$$\Delta y = f(x_0 + \Delta x) - f(x_0)$$

2)函数 $f(x)$ 在点 x_0 处的连续性

函数 $y = f(x)$ 在 x_0 处连续,反映到图像上即为曲线在 x_0 的某个邻域内是连绵不断的(图 1-12).如果函数是不连续的,其图像就在该点处间断了(图 1-13),给自变量一个增量 Δx,相应地就有函数的增量 Δy,且当 Δx 趋于 0 时,Δy 的绝对值将无限变小.

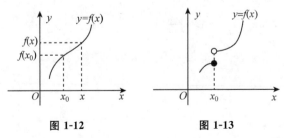

图 1-12　　　　　　图 1-13

[定义 9]　设函数 $y = f(x)$ 在点 x_0 及其左右近旁有定义,如果

$$\lim_{\Delta x \to 0} \Delta y = \lim_{\Delta x \to 0} [f(x_0 + \Delta x) - f(x_0)] = 0$$

那么称函数 $f(x)$ 在点 x_0 处是连续的.

令 $x = x_0 + \Delta x$，则当 $\Delta x \to 0$ 时，$x \to x_0$，同时 $\Delta y = f(x) - f(x_0) \to 0$ 时，$f(x) \to f(x_0)$. 于是有：

[**定义 10**] 设函数 $y = f(x)$ 在点 x_0 及其左右近旁有定义，且有 $\lim\limits_{x \to x_0} f(x) = f(x_0)$，则称函数 $y = f(x)$ 在点 x_0 处连续.

注 上述定义告诉我们，求连续函数在某点的极限，只须求出函数在该点的函数值即可.

例 1 证明函数 $f(x) = x^3 - 1$ 在点 $x = 1$ 处连续.

证明 因为

$$\lim_{x \to 1} f(x) = \lim_{x \to 1} (x^3 - 1) = 0$$

又

$$f(1) = 1^3 - 1 = 0$$

即

$$\lim_{x \to 1} f(x) = f(1)$$

由定义知，函数 $f(x) = x^3 - 1$ 在点 $x = 1$ 处连续.

下面给出左连续和右连续的概念.

左连续 如果函数 $f(x)$ 在 x_0 处的左极限 $\lim\limits_{x \to x_0^-} f(x) = f(x_0)$，则称 $f(x)$ 在 x_0 处左连续.

右连续 如果函数 $f(x)$ 在 x_0 处的右极限同样，$\lim\limits_{x \to x_0^+} f(x) = f(x_0)$，则称 $f(x)$ 在 x_0 处右连续. 显然，函数 $f(x)$ 在 x_0 处连续的必要充分条件是 $f(x)$ 在 x_0 处左、右都连续，即

$$\lim_{x \to x_0^-} f(x) = \lim_{x \to x_0^+} f(x) = f(x_0)$$

例 2 判断函数 $f(x) = \begin{cases} 3x - 1 & x < 1 \\ x^2 + 1 & x \geqslant 1 \end{cases}$ 在点 $x = 1$ 处是否连续?

解 $f(x)$ 在点 $x = 1$ 处及其附近有定义，$f(1) = 1^2 + 1 = 2$，且

$$f(1 - 0) = \lim_{x \to 1^-} f(x) = \lim_{x \to 1^-} (3x - 1) = 2 = f(1)$$
$$f(1 + 0) = \lim_{x \to 1^+} f(x) = \lim_{x \to 1^+} (x^2 + 1) = 2 = f(1)$$

即

$$f(1 - 0) = f(1 + 0) = f(1)$$

因此，函数 $f(x)$ 在点 $x = 1$ 处连续.

例 3 设 $f(x) = \begin{cases} a + bx & x \leqslant 0 \\ \dfrac{\sin bx}{x} & x > 0 \end{cases}$ 在点 $x = 0$ 处连续，问 a, b 应满足什么关系?

解 这是分段函数,在分段点 $x=0$ 处,有 $f(0)=a$,则

$$\lim_{x \to 0^-} f(x) = \lim_{x \to 0^-} (a + bx) = a$$

$$\lim_{x \to 0^+} f(x) = \lim_{x \to 0^+} \frac{\sin bx}{x} = b$$

已知 $f(x)$ 在 $x=0$ 处连续.因此必然在点 $x=0$ 处左、右都连续,即

$$\lim_{x \to 0^-} f(x) = \lim_{x \to 0^+} f(x) = f(0) = a$$

即

$$a = b.$$

3)函数的间断点

由定义 10 可知,$f(x)$ 在点 x_0 处连续必须同时满足以下三个条件:

①函数 $f(x)$ 在点 x_0 有定义;

②$\lim\limits_{x \to x_0} f(x)$ 存在;

③$\lim\limits_{x \to x_0} f(x) = f(x_0)$.

如果其中有一条不满足条件,就称 $f(x)$ 在点 x_0 处不连续,也就是 $f(x_0)$ 在点 x_0 处间断.

[定义 11] 如果函数 $f(x)$ 在点 x_0 处不满足连续的条件,则称函数 $f(x)$ 在点 x_0 处不连续或间断,点 x_0 称为函数 $f(x)$ 的不连续点或间断点.

显然,如果函数 $f(x)$ 在点 x_0 处有下列三种情形之一,则点 x_0 为 $f(x)$ 的间断点:

①在点 x_0 处 $f(x)$ 没有定义;

②$\lim\limits_{x \to x_0} f(x)$ 不存在;

③虽然 $f(x_0)$ 有定义,且 $\lim\limits_{x \to x_0} f(x)$ 存在,但 $\lim\limits_{x \to x_0} f(x) \neq f(x_0)$.

据此,我们对函数的间断点作如下分类:

第一类间断点 设 x_0 为函数 $f(x)$ 的一个间断点,如果 $x \to x_0$ 时,$f(x)$ 的左、右极限都存在,则称 x_0 为函数 $f(x)$ 的第一类间断点.第一类间断点包括可去间断点和跳跃间断点.

①可去间断点 若函数 $f(x)$ 在点 x_0 处的左、右两侧极限都存在且相等,即 $\lim\limits_{x \to x_0^+} f(x) = \lim\limits_{x \to x_0^-} f(x) = A$,但是 $f(x)$ 在点 x_0 处无定义,或有定义但 $f(x_0) \neq A$,则称 x_0 为 $f(x)$ 的可去间断点.

②跳跃间断点 若函数 $f(x)$ 在点 x_0 处的左、右两侧极限都存在,但 $\lim\limits_{x \to x_0^+} f(x) \neq \lim\limits_{x \to x_0^-} f(x)$ 则称点 x_0 为函数 $f(x)$ 的跳跃间断点.

第二类间断点 函数的所有其他形式的间断点(即使得函数至少有一侧极限不

存在的那些点)称为第二类间断点.第二类间断点包括无穷间断点和振荡间断点.

①无穷间断点　若 $f(x)$ 在 x_0 处的左右极限一个或两个趋于无穷,则称 x_0 为函数 $f(x)$ 的无穷间断点.

②振荡间断点　若 $x \to x_0$ 时,函数 $f(x)$ 的值在某范围内无限次地上下振荡,则称 x_0 为函数 $f(x)$ 的振荡间断点.

例 4　讨论函数 $f(x) = \dfrac{x^2-4}{x-2}$ 的连续性.

解　函数 $f(x) = \dfrac{x^2-4}{x-2}$ 在点 $x=2$ 处无定义,所以 $x=2$ 是该函数的间断点.由于

$$\lim_{x \to 2} f(x) = \lim_{x \to 2} \frac{x^2-4}{x-2} = \lim_{x \to 2}(x+2) = 4$$

即当 $x \to 2$ 时,极限是存在的,则 $x=2$ 是第一类间断点,且为可去间断点(图 1-14).

例 5　讨论函数 $f(x) = \begin{cases} x-1 & x<0 \\ 0 & x=0 \\ x+1 & x>0 \end{cases}$ 在点 $x=0$ 处的连续性.

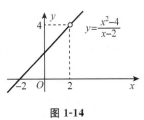

图 1-14

解　函数 $f(x)$ 虽在点 $x=0$ 处有定义,但

$$\lim_{x \to 0^-} f(x) = \lim_{x \to 0^-}(x-1) = -1$$
$$\lim_{x \to 0^+} f(x) = \lim_{x \to 0^+}(x+1) = 1$$

即在点 $x=0$ 处左右极限不相等,所以 $\lim\limits_{x \to 0} f(x)$ 不存在,因此点 $x=0$ 是函数的第一类间断点,且为跳跃间断点(图 1-15).

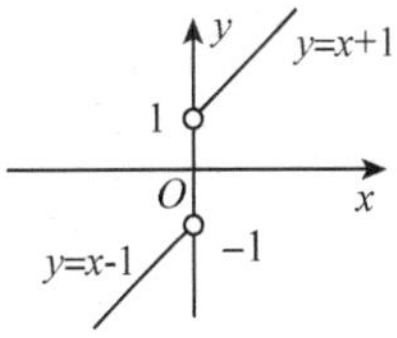

例 6　讨论函数 $y = \dfrac{1}{x}$ 的间断点,并判断其类型.

解　因为函数 $y = \dfrac{1}{x}$ 在点 $x=0$ 处无定义,所以点 $x=0$ 是间断点.由于

$$\lim_{x \to 0^-} \frac{1}{x} = -\infty \ , \ \lim_{x \to 0^+} \frac{1}{x} = +\infty$$

即函数 $y = \dfrac{1}{x}$ 在点 $x=0$ 处左、右极限都不存在,所以 $x=0$ 是函数 $y = \dfrac{1}{x}$ 的第二类间断点,且为无穷间断点.

图 1-15

例 7　讨论函数 $y = \sin\dfrac{1}{x}$ 的间断点,并判断其类型.

解　函数 $y = \sin\dfrac{1}{x}$,当 $x \to 0$ 时,$y = \sin\dfrac{1}{x}$ 的值在 -1 与 1 之间振荡,$\lim\limits_{x \to 0^-} \sin\dfrac{1}{x}$ 和 $\lim\limits_{x \to 0^+} \sin\dfrac{1}{x}$ 都不存在,所以 $x=0$ 是 $y = \sin\dfrac{1}{x}$ 的第二类间断点,且为振荡间断点.

4) 函数 $f(x)$ 在区间 (a,b) 内(或 $[a,b]$ 上)的连续性

如果函数 $y=f(x)$ 在区间 (a,b) 内每一点连续,则称函数在区间 (a,b) 内连续,区间 (a,b) 称为函数 $y=f(x)$ 的连续区间;如果函数 $f(x)$ 在区间 (a,b) 内连续,并且 $\lim\limits_{x\to a^+}f(x)=f(a)$, $\lim\limits_{x\to b^-}f(x)=f(b)$,则称函数 $f(x)$ 在闭区间 $[a,b]$ 上连续,区间 $[a,b]$ 称为函数 $y=f(x)$ 的连续区间.

在连续区间上,连续函数的图象是一条连绵不断的曲线.

1.5.2 初等函数的连续性

1)基本初等函数的连续性

基本初等函数在其定义域内都是连续的.

2)连续函数的和、差、积、商的连续性

如果 $f(x)$, $g(x)$ 都在点 x_0 处连续,则 $f(x)\pm g(x)$, $f(x)g(x)$, $\dfrac{f(x)}{g(x)}$ $(g(x)\neq 0)$ 都在点 x_0 处连续(证明从略).

3)复合函数的连续性

设函数 $y=f(u)$ 在点 u_0 处连续,又函数 $u=\varphi(x)$ 在点 x_0 处连续,且 $u_0=\varphi(x_0)$,则复合函数 $y=f[\varphi(x)]$ 在点 x_0 处连续.

这个法则说明连续函数的复合函数仍为连续函数,并可得到如下结论:

$$\lim\limits_{x\to x_0}f[\varphi(x)]=f[\varphi(x_0)]=f\left[\lim\limits_{x\to x_0}\varphi(x)\right]$$

特别地,当 $\varphi(x)=x$ 时, $\lim\limits_{x\to x_0}f(x)=f(x_0)=f(\lim\limits_{x\to x_0}x)$,这表示对连续函数极限符号与函数符号可以交换次序.

4)初等函数的连续性

一切初等函数在其定义区间内都是连续的.因此,在求初等函数在其定义区间内某点处的极限时,只须求函数在该点的函数值即可.

例8 求下列极限:

(1) $\lim\limits_{x\to\frac{\pi}{2}}\ln\sin x$ (2) $\lim\limits_{x\to 2}\dfrac{\sqrt{2+x}-2}{x-2}$

(3) $\lim\limits_{x\to 0}\dfrac{\log_a(1+x)}{x}(a>0,a\neq 1)$ (4) $\lim\limits_{x\to 0}\dfrac{e^x-1}{x}$

解

(1)因为 $x=\dfrac{\pi}{2}$ 是函数 $y=\ln\sin x$ 定义区间 $(0,\pi)$ 内的一个点,所以

$$\lim\limits_{x\to\frac{\pi}{2}}\ln\sin x=\ln\sin\left(\dfrac{\pi}{2}\right)=0$$

(2)因为 $x=2$ 不是函数 $\dfrac{\sqrt{2+x}-2}{x-2}$ 定义域 $[-2,2)\cup(2,+\infty)$ 内的点,自然不

能将 x＝2 代入函数计算. 当 $x\neq 2$ 时,我们先作变形,再求其极限

$$\lim_{x\to 2}\frac{\sqrt{2+x}-2}{x-2}=\lim_{x\to 2}\frac{(\sqrt{2+x}-2)(\sqrt{2+x}+2)}{(x-2)(\sqrt{2+x}+2)}$$

$$=\lim_{x\to 2}\frac{x-2}{(x-2)(\sqrt{2+x}+2)}$$

$$=\lim_{x\to 2}\frac{1}{\sqrt{2+x}+2}$$

$$=\frac{1}{\sqrt{2+2}+2}=\frac{1}{4}$$

(3) $\lim_{x\to 0}\frac{\log_a(1+x)}{x}=\lim_{x\to 0}\log_a(1+x)^{\frac{1}{x}}=\log_a\left[\lim_{x\to 0}(1+x)^{\frac{1}{x}}\right]=\log_a e=\frac{1}{\ln a}$

(4) 令 $e^x-1=t$,则 $x=\ln(1+t)$,且当 $x\to 0$ 时,$t\to 0$,则有

$$\lim_{x\to 0}\frac{e^x-1}{x}=\lim_{t\to 0}\frac{t}{\ln(1+t)}=\lim_{t\to 0}\frac{1}{\dfrac{\ln(1+t)}{t}}=\frac{1}{\ln e}=1$$

1.5.3　闭区间上连续函数的性质

闭区间上的连续函数有一些重要性质,这些性质在直观上比较明显,因此我们在此只做介绍,不予证明.

[**定理6**](最值定理)　设函数 $f(x)$ 在闭区间 $[a,b]$ 上连续,则函数 $f(x)$ 在 $[a,b]$ 上一定能取得最大值和最小值.

如图 1-16 所示,函数 $y=f(x)$ 在区间 $[a,b]$ 上连续,在 ξ_1 处取得最小值 $f(\xi_1)=m$,在 ξ_2 处取得最大值 $f(\xi_2)=M$.

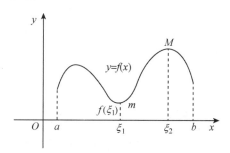

图 1-16

■**推论**　闭区间上的连续函数是有界的.

[**定理7**](介值定理)　如果 $f(x)$ 在 $[a,b]$ 上连续,μ 是介于 $f(x)$ 的最小值和最大值之间的任一实数,则在点 a 和 b 之间至少可找到一点 ξ,使得 $f(\xi)=\mu$(图 1-17).

可以看出水平直线 $y=\mu(m\leqslant u\leqslant M)$ 与 $[a,b]$ 上的连续曲线 $y=f(x)$ 至少相交一

次,如果交点的横坐标为 $x=\xi$,则有 $f(\xi)=\mu$.

■推论(零点定理) 如果函数 $f(x)$ 在闭区间 $[a,b]$ 上连续,且 $f(a)$ 与 $f(b)$ 异号,则至少存在一点 $\xi\in(a,b)$,使得 $f(\xi)=0$.

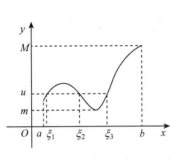

图 1-17

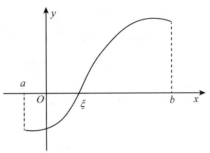

图 1-18

如图 1-18 所示,$f(a)<0$,$f(b)>0$,连续曲线上的点由 A 到 B,至少要与 x 轴相交一次.设交点为 ξ,则 $f(\xi)=0$.

例 9 证明方程 $x^4+x=1$ 至少有一个根介于 0 和 1 之间.

证明 设 $f(x)=x^4+x-1$,则 $f(x)$ 在 $[0,1]$ 上连续,且
$$f(0)=-1<0,\quad f(1)=1>0$$

由零点定理知,至少存在一点 $\xi\in(0,1)$,使 $f(\xi)=0$,即 $\xi^4+\xi-1=0$,此即说明了 ξ 是方程 $x^4+x-1=0$ 的一个根.

所以方程 $x^4+x=1$ 至少有一个根介于 0 和 1 之间.

同步练习 1.5

1.设函数 $f(x)=\begin{cases} x & 0<x<1 \\ 2 & x=1 \\ 2-x & 1<x<2 \end{cases}$,讨论函数 $f(x)$ 在 $x=1$ 处的连续性,并求函数的连续区间.

2.设 $f(x)=\begin{cases} e^x & x<0 \\ a+\ln(1+x) & x\geqslant0 \end{cases}$,在 $(-\infty,+\infty)$ 内连续,试确定 a 的值.

3.设函数 $f(x)=\begin{cases} x\sin\dfrac{1}{x} & x\neq0 \\ 1 & x=0 \end{cases}$,讨论函数在点 $x=0$ 处的连续性.

4.求下列函数的间断点,并判断其类型:

(1)$f(x)=x\cos\dfrac{1}{x}$ 　　(2)$f(x)=\dfrac{x^2-1}{x^2-3x+2}$

(3)$f(x)=2^{-\frac{1}{x}}+1$ 　　(4)$f(x)=\begin{cases} x+1 & 0<x\leqslant1 \\ 2-x & 1<x\leqslant3 \end{cases}$

5.证明方程 $x\cdot2^x-1=0$ 至少有一个小于 1 的正根.

阅读资料一

极限的思想

公元 263 年,中国数学家刘徽在《九章算术注》中提出"割圆"之说,刘徽断言"割之弥细,所失弥少,割之又割,以至于不可割,则与圆合体,而无所失矣".所谓"割圆术",是用圆内接正多边形的周长去无限逼近圆周并以此求取圆周率的方法.实际上,是圆内接正六边形的周长,与圆周长相差很多,那么我们可以在圆内接正六边形把圆周等分为六条弧的基础上,再继续等分,把每段弧再分割为二,做出一个圆内接正十二边形,这个正十二边形的周长不就要比正六边形的周长更接近圆周了吗?如果把圆周再继续分割,做成一个圆内接正二十四边形,那么这个正二十四边形的周长必然又比正十二边形的周长更接近圆周.这就表明,越是把圆周分割得细,误差就越少,其内接正多边形的周长就越是接近圆周.如此不断地分割下去,一直到圆周无法再分割为止,也就是到了圆内接正多边形的边数无限多的时候,它的周长就与圆周"合体"而完全一致了.刘徽把圆内接正多边形的面积一直算到了正 3072 边形,并由此而求得了圆周率为 3.14 和 3.1416 这两个近似数值.割圆术其实就是极限思想在几何上的应用.

极限的思想是近代数学的一种重要思想,所谓极限的思想,是指用极限概念分析问题和解决问题的一种数学思想.用极限思想解决问题的一般步骤可概括为:对于被考察的未知量,先设法构思一个与它有关的变量,确认这变量通过无限过程的结果就是所求的未知量;最后用极限计算来得到这结果.

极限思想是微积分的基本思想,数学分析中的一系列重要概念,如函数的连续性、导数以及定积分等都是借助于极限来定义的.如果要问:"数学分析是一门什么学科?"那么可以概括地说:"数学分析就是用极限思想来研究函数的一门学科".

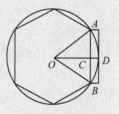

刘徽割圆术示意

(1) 极限思想的产生

与一切科学的思想方法一样,极限思想也是社会实践的产物.极限的思想可以追溯到古代,刘徽的割圆术就是建立在直观基础上的一种原始的极限思想的应用;古希腊人的穷竭法也蕴含了极限思想,但由于希腊人"对无限的恐惧",他们避免明显地"取极限",而是借助于间接证法——归谬法来完成了有关的证明.

到了 16 世纪,荷兰数学家斯泰文在考察三角形重心的过程中改进了古希腊人的穷竭法,它借助几何直观,大胆地运用极限思想思考问题,放弃了归谬法的证明.如此,他就在无意中指出了"把极限方法发展成为一个实用概念的方向".

(2) 极限思想的发展

极限思想的进一步发展是与微积分的建立紧密相联系的.16 世纪的欧洲处于

资本主义萌芽时期,生产力得到极大的发展,生产和技术中大量的问题,只用初等数学的方法已无法解决,要求数学突破只研究常量的传统范围,而提供能够用以描述和研究运动、变化过程的新工具,这是促进极限发展、建立微积分的社会背景.

　　起初牛顿和莱布尼茨以无穷小概念为基础建立微积分,后来因遇到了逻辑困难,所以在他们的晚期都不同程度地接受了极限思想.牛顿用路程的改变量 Δs 与时间的改变量 Δt 之比 $\dfrac{\Delta s}{\Delta t}$ 表示运动物体的平均速度,让 Δt 无限趋近于零,得到物体的瞬时速度,并由此引出导数概念和微积分学理论.他意识到极限概念的重要性,试图以极限概念作为微积分的基础,但牛顿的极限观念也是建立在几何直观上,因而他无法得出极限的严格表述.

　　正因为当时缺乏严格的极限定义,微积分理论才受到人们的怀疑与攻击,例如,在瞬时速度概念中,究竟 Δt 是否等于零?如果说是零,怎么能用它去作除法呢?如果它不是零,又怎么能把包含着它的那些项去掉?这就是数学史上所说的无穷小悖论,国哲学家、大主教贝克莱对微积分的攻击最为激烈,他说微积分的推导是"分明的诡辩".

　　贝克莱之所以激烈地攻击微积分,一方面是为宗教服务,另一方面也由于当时的微积分缺乏牢固的理论基础,连牛顿自己也无法摆脱极限概念中的混乱.这个事实表明,弄清极限概念,建立严格的微积分理论基础,不但是数学本身所需要的,而且有着认识论上的重大意义.

　　(3) 极限思想的完善

　　极限思想的完善与微积分的严格化密切联系.在很长一段时间里,对于微积分理论基础的问题,许多人都曾尝试解决,但都未能如愿以偿.这是因为数学的研究对象已从常量扩展到变量,而人们对变量数学特有的规律还不十分清楚;对变量数学和常量数学的区别和联系还缺乏了解;对有限和无限的对立统一关系还不明确.这样,人们使用习惯了的处理常量数学的传统思想方法,就不能适应变量数学的新需要,仅用旧的概念说明不了这种"零"与"非零"相互转换的辩证关系.

　　到了 18 世纪,罗宾斯、达朗贝尔与罗依里埃等人先后明确地表示必须将极限作为微积分的基础概念,并且都对极限作出过各自的定义.首先用极限概念给出导数正确定义的是捷克数学家波尔查诺.波尔查诺的思想是有价值的,但关于极限的本质他仍未说清楚.到了 19 世纪,法国数学家柯西在前人工作的基础上,比较完整地阐述了极限概念及其理论,柯西把无穷小视为以 0 为极限的变量,这就澄清了无穷小"似零非零"的模糊认识,这就是说,在变化过程中,它的值可以是非零,但它变化的趋向是"零",可以无限地接近于零.为了排除极限概念中的直观痕迹,维尔斯特拉斯提出了极限的静态的定义,给微积分提供了严格的理论基础.

　　众所周知,常量数学静态地研究数学对象,自从解析几何和微积分问世以后,运动进入了数学,人们有可能对物理过程进行动态研究.之后,维尔斯特拉斯则用静态的定义刻划变量的变化趋势. 这种"静态—动态—静态"的螺旋式的演变, 反映了数学发展的辩证规律.

极限思想方法是数学分析乃至全部高等数学必不可少的一种重要方法, 也是数学分析与初等数学的本质区别之处. 数学分析之所以能解决许多初等数学无法解决的问题(如求瞬时速度、曲线弧长、曲边形面积、曲面体体积等问题), 正是由于它采用了极限的思想方法. 有时我们要确定某一个量, 首先确定的不是这个量的本身而是它的近似值, 而且所确定的近似值也不仅仅是一个而是一连串越来越准确的近似值; 然后通过考察这一连串近似值的趋向, 把那个量的准确值确定下来, 这就是运用了极限的思想方法.

本章小结

1) 本章知识结构图

(1) 函数

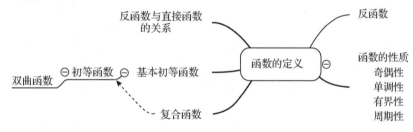

(2) 极限与连续

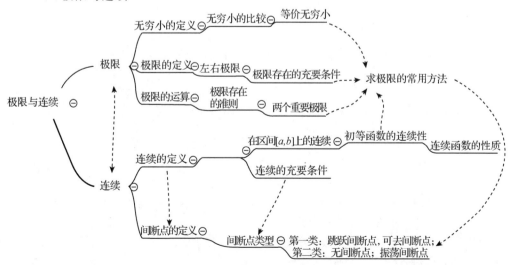

2) 重点和难点

（1）重点

①数列的极限、函数的极限的概念；

②极限的性质及四则运算法则；

③"$\frac{0}{0}$"型和"$\frac{\infty}{\infty}$"两种类型的极限；

④无穷小和无穷大的概念；

⑤闭区间上连续函数的性质.

（2）难点

①极限存在的两个准则,利用两个重要极限求极限；

②无穷小的比较,用等价无穷小求极限；

③函数间断点的判定及其类型；

④用零点定理推证一些简单命题.

自测题

（A 组）

一、选择题

1. 下列函数中定义域为 $(-1,1)$ 的是(   ).

A. $y=\sqrt{1-x^2}$ B. $y=(1-x^2)^{-\frac{1}{2}}$ C. $y=\cos x$ D. $y=e^{\sin x}$

2. $\lim\limits_{x\to 0}\dfrac{\sin 2x}{x}$ 等于(   ).

A. 0   B. 1   C. 2   D. $\dfrac{1}{2}$

3. $\lim\limits_{x\to\infty}\left(1-\dfrac{1}{x}\right)^x=k$,则 $k=$(   ).

A. 1   B. $-e$ C. $\dfrac{1}{e}$ D. e

4. 当 $x\to 0$ 时,下列变量为无穷小量的是(   ).

A. $\dfrac{x+1}{x-1}$ B. $\tan^2 x$ C. $\sin\dfrac{1}{x}$ D. $\cos^2 x$

5. 在 x 趋近于 1 时,$y=\dfrac{x(x-1)}{x^2-1}$ 的极限是(   ).

A. $+\infty$ B. 1   C. 0   D. $\dfrac{1}{2}$

6. 下列说法正确的是(   ).

A. 当 $x\to 0$ 时,$3x^4$ 是比 x^5 更高阶的无穷小

B. 当 $x\to 0$ 时,$3x^4$ 是比 x^5 更低阶的无穷小

C. 当 $x\to 0$ 时,$3x^4$ 和 x^5 是同阶的无穷小

D. 当 $x\to 0$ 时,$3x^4$ 和 x^5 是等价的无穷小

7. 下列极限为 $\frac{1}{2}$ 的是( ).

A. $\lim\limits_{x\to\infty}\dfrac{2x^5+3x^2-5}{4x^5+3x+5}$

B. $\lim\limits_{x\to\infty}\dfrac{2x^3+3x^2-5}{4x^4+3x+5}$

C. $\lim\limits_{x\to\infty}\dfrac{2x^5+3x^2-5}{4x^3+3x+5}$

D. $\lim\limits_{x\to0}\dfrac{2x^3+3x^2-5}{4x^3+3x+5}$

8. 设 $f(x)=\dfrac{\sin ax}{x}(x\neq0)$ 在 $x=0$ 处连续,且 $f(0)=-\dfrac{1}{2}$,则 $a=($).

A. 2   B. $\dfrac{1}{2}$ C. $-\dfrac{1}{2}$ D. -2

二、填空题

1. 把 $y=\ln\cot x$ 分解成为简单函数_____;

把 $y=\sin^2(x+1)$ 分解成为简单函数_____.

2. 若 $f(x)=10^x$, $g(x)=\lg x$,则 $g[f(3)]=$_____.

3. 函数 $y=\dfrac{1}{x-1}+\sqrt{x+2}$ 的连续区间是_____.

4. 函数 $f(x)=\begin{cases}\dfrac{x^4}{x} & x\neq0 \\ 2 & x=0\end{cases}$ 的间断点是_____,是_____间断点.

5. 设 $f(x)=\begin{cases}e^x & x\leqslant0 \\ a+x & x>0\end{cases}$ 在点 $x=0$ 处连续,则 $a=$_____.

三、计算题

1. $\lim\limits_{x\to\infty}\dfrac{x^2+x-1}{2x^2+1}$ 2. $\lim\limits_{x\to2}\dfrac{x-2}{x^2+x-6}$ 3. $\lim\limits_{x\to0}\dfrac{x}{\sqrt{x+2}-\sqrt{2}}$

4. $\lim\limits_{x\to1}\left(\dfrac{1}{x-1}-\dfrac{3}{x^3-1}\right)$ 5. $\lim\limits_{x\to\infty}\dfrac{x+2\cos x}{x}$ 6. $\lim\limits_{x\to0}\dfrac{\sin4x}{\sin3x}$

7. $\lim\limits_{n\to\infty}\dfrac{1+2+\cdots+(n-1)}{n^2}$ 8. $\lim\limits_{n\to\infty}\dfrac{2^n+3^n}{3^n}$ 9. $\lim\limits_{x\to\infty}\left(1+\dfrac{2}{x}\right)^x$

四、简答题

1. 已知 $\lim\limits_{x\to1}\dfrac{x^2+bx+6}{1-x}=5$,试确定 b 的值;

2. 设 $f(x)=\begin{cases}2x & -1<x<0 \\ -2x & 0<x<1 \\ x+1 & 1\leqslant x<3\end{cases}$,求:

(1) $\lim\limits_{x\to-1^+}f(x)$ (2) $\lim\limits_{x\to0}f(x)$ (3) $\lim\limits_{x\to1}f(x)$ (4) $\lim\limits_{x\to3^-}f(x)$

3. 设 $f(x)=\begin{cases}x^2 & x\leqslant0 \\ 1-x & x>0\end{cases}$,作图并讨论 $x\to0$ 时, $f(x)$ 的极限是否存在.

4. 讨论函数 $f(x)=\begin{cases}x^2 & x<0 \\ 2x & 0\leqslant x<1 \\ 1-x & x\geqslant1\end{cases}$,在 $x=0$, $x=1$ 是否连续.

5. 试证方程 $\sin x-x+1=0$ 在区间 $(0,\pi)$ 内有实根.

（B 组）

一、选择题

1.函数 $y = f(x)$ 在点 x_0 处有定义是 $\lim\limits_{x \to x_0} f(x)$ 存在的（ ）.

A.必要非充分条件   B.充分非必要条件   C.充分必要条件   D.无关条件

2. $\lim\limits_{x \to 0} \dfrac{\sin^2 mx}{x^2}$（$m$ 为常数）等于（ ）.

A. 0   B. 1   C. m^2 D. $\dfrac{1}{m^2}$

3. $\lim\limits_{x \to \infty} (1 - \dfrac{k}{x})^x = e^2$，则 $k = $（ ）.

A. 2   B. -2 C. $\dfrac{1}{2}$ D. $-\dfrac{1}{2}$

4.当 $x \to 0$ 时,下列（ ）为无穷小量.

A. e^x B. $\sin x$ C. $\dfrac{\sin x}{x}$ D. $\sin \dfrac{1}{x}$

5.在 x 趋近于（ ）时,$y = \dfrac{x(x-1)\sqrt{x+1}}{x^3-1}$ 不是无穷小量.

A. $+\infty$ B. 1   C. 0   D. -1

6.设 $f(x) = x - x^2$,$g(x) = x^2 - x^3$,当 $x \to 0$ 时,（ ）

A. $f(x)$ 是 $g(x)$ 高阶无穷小量   B. $f(x)$ 是 $g(x)$ 低阶无穷小量

C. $f(x)$ 是 $g(x)$ 同阶无穷小量   D. $f(x)$ 是 $g(x)$ 等价的无穷小量

7.设 $f(x) = \begin{cases} x+2 & x \leqslant 0 \\ x^2 + a & 0 < x < 1 \\ bx & 1 \leqslant x \end{cases}$ 在 $(-\infty, +\infty)$ 内连续,则 a, b 分别为（ ）.

A. 0,0   B. 2,3   C. 3,2   D. 1,1.

8. $\lim\limits_{x \to \infty} \lg \dfrac{x^2 + 10}{100 x^2 + 1} = k$,则 $k = $（ ）.

A. 2   B. $\dfrac{1}{2}$ C. $-\dfrac{1}{2}$ D. -2

二、填空题

1.把 $y = \tan \sqrt{\dfrac{1+x}{1-x}}$ 分解成为简单函数＿＿＿＿；

把 $y = \cos \ln^3 \sqrt{x^2 + 1}$ 分解成为简单函数＿＿＿＿.

2.当 $x \to \infty$ 时,函数 $f(x) \sim \dfrac{1}{x}$,则 $\lim\limits_{x \to \infty} 2x f(x) = $＿＿＿＿.

3.设 $f(x) = \begin{cases} \dfrac{1}{2-x} & x < 0 \\ 0 & x = 0 \\ x + \dfrac{1}{2} & x > 0 \end{cases}$,则 $\lim\limits_{x \to 0} f(x) = $＿＿＿＿.

4.设 $f(x) = \begin{cases} e^x & x < 0 \\ a + \ln(1+x) & x \geqslant 0 \end{cases}$ 在 $(-\infty, +\infty)$ 内连续,则 a 的值＿＿＿＿.

三、计算题

1. $\lim\limits_{x\to\infty}\dfrac{x^3+2}{3x^3-4\sin x}$

2. $\lim\limits_{x\to3}\dfrac{\sqrt{x+13}-2\sqrt{x+1}}{x^2-9}$

3. $\lim\limits_{x\to4}\dfrac{\sqrt{2x+1}-3}{\sqrt{x-2}-\sqrt{2}}$

4. $\lim\limits_{x\to0}\dfrac{2x-\sin x}{2x+\sin x}$

5. $\lim\limits_{x\to\frac{\pi}{2}}(1+\cos x)^{3\sec x}$

6. $\lim\limits_{n\to\infty}\dfrac{\sqrt{n^2-3n}}{2n+1}$

7. $\lim\limits_{n\to\infty}\left(1+\dfrac{1}{2}+\dfrac{1}{4}+\cdots+\dfrac{1}{2^n}\right)$

8. $\lim\limits_{x\to0}\left(\dfrac{x+1}{x-1}\right)^{x+5}$

9. $\lim\limits_{x\to\infty}\dfrac{(2x+1)^{42}(x-3)^8}{(2x-7)^{50}}$

四、简答题

1. 设 $\lim\limits_{x\to1}\dfrac{x^2+ax+b}{1-x}=5$，求常数 a 与 b 的值.

2. 设 $\lim\limits_{x\to\infty}\dfrac{4x^2+3}{x-1}+ax+b=0$，求常数 a 与 b 的值.

3. 求下列函数的间断点，并判断其类别.

(1) $f(x)=\dfrac{x^2-1}{x^3-1}$　　(2) $f(x)=\begin{cases}\sin\dfrac{1}{x}&x\neq0\\1&x=0\end{cases}$　　(3) $f(x)=\begin{cases}\dfrac{\sin x}{x}&x<0\\2&x>0\end{cases}$

4. 设函数 $f(x)=\begin{cases}\dfrac{\sin x}{x}&x<0\\m&x=0\\x\sin\dfrac{1}{x}+n&x>0\end{cases}$

问：(1) m 为何值时，函数在点 $x=0$ 处极限存在.

　　(2) m,n 为何值时，函数在点 $x=0$ 处连续.

5. 设 $f(x)=\begin{cases}e^{ax+b}&-1\leqslant x<0\\e&x=0\\(1+ax)^{\frac{b}{x}}&0<x\leqslant1\end{cases}$ 为连续函数，试确定常数 a,b 的值.

6. 判定方程 $x=a\sin x+b(a>0,b>0)$ 至少有一个正根不超过 $a+b$.

第二章　导数与微分

学习目标

【知识目标】

(1)理解导数的概念及几何意义.

(2)了解函数的可导与连续的关系.

(3)掌握函数导数的四则运算法则,掌握复合函数的求导法.

(4)理解隐函数、参数方程所确定的函数的求导法.

(5)了解高阶导数的概念.

(6)理解微分的概念.

【技能目标】

(1)会用导数的定义求分段函数在分界点处的导数.

(2)会求曲线在已知某点处的切线方程和法线方程.

(3)能熟练求初等函数的导数.

(4)会求函数的微分.

(5)会利用微分进行简单的近似计算.

本章将学习微分学的两个基本概念——导数和微分. 我们通过对实际问题的分析,归纳出同一个数学模型,即函数相对于自变量变化的快慢程度(函数的变化率),引出函数导数的概念,而微分则与导数密切相关,它研究的是当自变量有微小变化时,函数大约变化了多少(函数变化量的近似值). 在两个概念的基础上,介绍导数与微分的运算法则和计算公式.

2.1 导数的概念

2.1.1 引例

1)变速直线运动的瞬时速度

设一物体作变速直线运动,其路程函数为 $s=s(t)$,求该物体在 t_0 时刻的瞬时速度 $v(t_0)$.

设在 t_0 时刻物体的路程函数为 $s=s(t_0)$,在 $t_0+\Delta t$ 时刻增量 Δt 时,物体的路程函数 s 相应地有增量 $\Delta s=s(t_0+\Delta t)-s(t_0)$. 当物体做匀速运动时,它的速度不随时间的改变而改变,即 $\dfrac{\Delta s}{\Delta t}=\dfrac{s(t_0+\Delta t)-s(t_0)}{\Delta t}$ 是一个常量,它是物体在时刻 t_0 的速度,也是物体在 t_0 至 $t_0+\Delta t$ 间任意时刻的速度;但是,当物体作变速运动时,它的速度随着时间而改变,而 $\dfrac{\Delta s}{\Delta t}$ 表示从时刻 t_0 到 $t_0+\Delta t$ 这一段时间内的平均速度 $\bar{v}$,即

$$\bar{v}=\frac{\Delta s}{\Delta t}=\frac{s(t_0+\Delta t)-s(t_0)}{\Delta t}$$

当 $|\Delta t|$ 很小时,可以用 $\bar{v}$ 近似表示物体在 t_0 时刻的瞬时速度,$|\Delta t|$ 越小,$\bar{v}$ 就越接近物体在 t_0 时刻的瞬时速度;$|\Delta t|$ 无限变小,$\bar{v}$ 就无限接近物体在 t_0 时刻的瞬时速度. 此时,若极限存在,则极限值可作为物体在 t_0 时刻的瞬时速度,即

$$v(t_0)=\lim_{\Delta t\to 0}\frac{\Delta s}{\Delta t}=\lim_{\Delta t\to 0}\frac{s(t_0+\Delta t)-s(t_0)}{\Delta t} \tag{2-1}$$

就是说,变速直线运动的瞬时速度是当时间增量趋于零时路程增量和时间增量之比的极限.

2)平面曲线的切线斜率

设曲线 Γ 的方程为 $y=f(x)$,在曲线 $y=f(x)$ 上任取一点 $M_0(x_0,f(x_0))$,在曲线上另取一点 $M(x_0+\Delta x,f(x_0+\Delta x))$,连接点 M_0 和 M 得到割线 M_0M(图2-1),当点 M 沿曲线无限趋于点 M_0 时,称割线 M_0M 的极限位置 M_0T 为曲线 $y=f(x)$ 在点 M_0 处的切线.

下面我们来求曲线 $y=f(x)$ 在点 M_0 处的切线

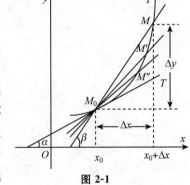

图 2-1

斜率,根据切线的定义我们知道割线的极限位置就是切线,因此割线斜率的极限值就是切线的斜率,而割线斜率为

$$k_{割} = k_{M_0 M} = \tan\beta = \frac{\Delta y}{\Delta x} = \frac{f(x_0 + \Delta x) - f(x_0)}{\Delta x}$$

当点 M 沿曲线 $y = f(x)$ 无限趋于点 M_0 时,即 $\Delta x \to 0$,得切线 $M_0 T$ 的斜率为

$$k_{切} = k_{M_0 T} = \tan\alpha = \lim_{M \to M_0} k_{M_0 M} = \lim_{\beta \to \alpha} \tan\beta$$

$$= \lim_{\Delta x \to 0} \frac{\Delta y}{\Delta x} = \lim_{\Delta x \to 0} \frac{f(x_0 + \Delta x) - f(x_0)}{\Delta x} \tag{2-2}$$

2.1.2 导数的定义

上述我们研究了变速直线运动的瞬时速度和平面曲线的切线斜率问题,尽管它们的实际背景不同,但它们处理问题的数学方法是完全一致的,式(2-1)和式(2-2)的数学结构是完全相同的. 它们都是通过以下三个步骤,抽象出函数的增量与自变量的增量之比的极限(当自变量增量趋于零时),即

①当自变量在给定值 x_0 处有一增量 Δx,函数 $y = f(x)$ 相应地有一增量 Δy

$$\Delta y = f(x_0 + \Delta x) - f(x_0)$$

②函数的增量 Δy 与自变量的增量 Δx 的比值

$$\frac{\Delta y}{\Delta x} = \frac{f(x_0 + \Delta x) - f(x_0)}{\Delta x}$$

就是函数在区间 $(x_0, x_0 + \Delta x)$ 或 $(x_0 + \Delta x, x_0)$ 内的平均变化率;

③当自变量的增量 $\Delta x \to 0$ 时,平均变化率的极限(如果存在的话)

$$\lim_{\Delta x \to 0} \frac{\Delta y}{\Delta x} = \lim_{\Delta x \to 0} \frac{f(x_0 + \Delta x) - f(x_0)}{\Delta x}$$

就是函数 $y = f(x)$ 在点 x_0 处的瞬时变化率,简称为变化率,这就引出了微分学的基本概念——导数.

[定义 1] 设函数 $y = f(x)$ 在点 x_0 的某邻域内有定义,当自变量 x 在点 x_0 处取得改变量 Δx(点 $x_0 + \Delta x$ 仍在该邻域内,且 $\Delta x \neq 0$)时,相应的函数改变量为

$$\Delta y = f(x_0 + \Delta x) - f(x_0)$$

如果极限

$$\lim_{\Delta x \to 0} \frac{\Delta y}{\Delta x} = \lim_{\Delta x \to 0} \frac{f(x_0 + \Delta x) - f(x_0)}{\Delta x}$$

存在,则称函数 $y = f(x)$ 在点 x_0 处可导,此极限值称为函数 $y = f(x)$ 在点 x_0 处的导数,记为

$$f'(x_0), \quad y'\big|_{x=x_0}, \quad \frac{\mathrm{d}y}{\mathrm{d}x}\bigg|_{x=x_0} \quad 或 \quad \frac{\mathrm{d}f(x)}{\mathrm{d}x}\bigg|_{x=x_0}$$

即

$$f'(x_0) = \lim_{\Delta x \to 0} \frac{f(x_0 + \Delta x) - f(x_0)}{\Delta x} \tag{2-3}$$

如果 $\lim\limits_{\Delta x \to 0} \dfrac{f(x_0 + \Delta x) - f(x_0)}{\Delta x}$ 不存在,则称函数 $y = f(x)$ 在点 x_0 处不可导.

式(2-3)中,令 $x = x_0 + \Delta x$,则(2-3)式可以写成如下形式

$$f'(x_0) = \lim_{x \to x_0} \frac{f(x) - f(x_0)}{x - x_0} \tag{2-4}$$

例 1 求函数 $f(x) = x^3$ 在点 $x_0 = 1$ 处的导数.

解法一

(1)求增量

$$\begin{aligned}
\Delta y &= f(1 + \Delta x) - f(1) \\
&= (1 + \Delta x)^3 - 1^3 \\
&= 3\Delta x + 3\Delta x^2 + \Delta x^3
\end{aligned}$$

(2)算比值

$$\frac{\Delta y}{\Delta x} = 3 + 3\Delta x + \Delta x^2$$

(3)取极限

$$f'(1) = \lim_{\Delta x \to 0} \frac{\Delta y}{\Delta x} = \lim_{\Delta x \to 0}(3 + 3\Delta x + \Delta x^2) = 3$$

解法二

$$\begin{aligned}
f'(1) &= \lim_{x \to 1} \frac{f(x) - f(1)}{x - 1} \\
&= \lim_{x \to 1} \frac{x^3 - 1}{x - 1} \\
&= \lim_{x \to 1} \frac{(x - 1)(x^2 + x + 1)}{x - 1} \\
&= \lim_{x \to 1}(x^2 + x + 1) = 3
\end{aligned}$$

左导数和右导数统称单侧导数.

左导数 设函数 $y = f(x)$ 在点 x_0 的某个左邻域内有定义,若 $\dfrac{\Delta y}{\Delta x}$ 的左极限

$$\lim_{\Delta x \to 0^-} \frac{\Delta y}{\Delta x} = \lim_{\Delta x \to 0^-} \frac{f(x_0 + \Delta x) - f(x_0)}{\Delta x}$$

存在,则称此极限值为函数 $f(x)$ 在点 x_0 处的左导数,记作 $f'_-(x_0)$,即

$$f'_-(x_0) = \lim_{\Delta x \to 0^-} \frac{f(x_0 + \Delta x) - f(x_0)}{\Delta x}$$

或

$$f'_-(x_0) = \lim_{x \to x_0^-} \frac{f(x) - f(x_0)}{x - x_0}$$

右导数 设函数 $y = f(x)$ 在点 x_0 的某个右邻域内有定义,若 $\dfrac{\Delta y}{\Delta x}$ 的右极限

$$\lim_{\Delta x \to 0^+} \frac{\Delta y}{\Delta x} = \lim_{\Delta x \to 0^+} \frac{f(x_0 + \Delta x) - f(x_0)}{\Delta x}$$

存在,则称此极限值为函数 $f(x)$ 在点 x_0 处的右导数,记作 $f'_+(x_0)$,即

$$f'_+(x_0) = \lim_{\Delta x \to 0^+} \frac{f(x_0 + \Delta x) - f(x_0)}{\Delta x}$$

或

$$f'_+(x_0) = \lim_{x \to x_0^+} \frac{f(x) - f(x_0)}{x - x_0}$$

[定理 1]　函数 $y = f(x)$ 在点 x_0 处可导的充分必要条件是左导数 $f'_-(x_0)$ 和右导数 $f'_+(x_0)$ 都存在且相等.

例 2　讨论函数 $f(x) = |x|$ 在点 $x = 0$ 处的可导性.

解　因为 $f(x) = \begin{cases} -x & x < 0 \\ x & x \geqslant 0 \end{cases}$, $f(0) = 0$,则

$$f'_+(0) = \lim_{x \to 0^+} \frac{f(x) - f(0)}{x - 0} = \lim_{x \to 0^+} \frac{x}{x} = 1$$

$$f'_-(0) = \lim_{x \to 0^-} \frac{f(x) - f(0)}{x - 0} = \lim_{x \to 0^-} \frac{-x}{x} = -1$$

因为 $f'_+(0) \neq f'_-(0)$,所以在点 $x = 0$ 处不可导.

注　函数在某点既左可导又右可导,不能保证函数在该点可导. 所以,对分段函数在分段点处的导数,首先应求出分段点处的左导数和右导数,然后根据定理来确定分段函数在分段点处的导数是否存在.

例 3　已知 $f(x) = \begin{cases} \sin 2x & x \leqslant 0 \\ ax & x > 0 \end{cases}$ 在点 $x = 0$ 处可导,试求常数 a.

解　由题意,$f'_+(0) = f'_-(0)$,$f(0) = 0$,而

$$f'_-(0) = \lim_{x \to 0^-} \frac{f(x) - f(0)}{x - 0} = \lim_{x \to 0^-} \frac{\sin 2x}{x} = 2 \lim_{x \to 0^-} \frac{\sin 2x}{2x} = 2$$

$$f'_+(0) = \lim_{x \to 0^+} \frac{f(x) - f(0)}{x - 0} = \lim_{x \to 0^+} \frac{ax}{x} = a$$

所以 $a = 2$

导函数　若函数 $y = f(x)$ 在区间 (a, b) 内每一点都可导,则称函数 $y = f(x)$ 在区间 (a, b) 内可导. 如果函数 $y = f(x)$ 在 (a, b) 内可导,且在点 a 处右可导,在点 b 处左可导,则称函数 $y = f(x)$ 在闭区间 $[a, b]$ 上可导.

若函数 $y = f(x)$ 在区间 I 上可导,则对于区间上任意一点 x,都有相应的一个导数值 $f'(x)$ 与之对应,这就定义了一个新的函数,我们称其为函数 $y = f(x)$ 在区间 I 上对 x 的导函数,简称导数,记作

$$f'(x), y', \frac{\mathrm{d}y}{\mathrm{d}x} \text{ 或 } \frac{\mathrm{d}f(x)}{\mathrm{d}x}$$

即

$$f'(x) = \lim_{\Delta x \to 0} \frac{\Delta y}{\Delta x} = \lim_{\Delta x \to 0} \frac{f(x + \Delta x) - f(x)}{\Delta x}$$

$y = f(x)$ 在点 x_0 处的导数 $f'(x_0)$ 可视为导函数 $f'(x)$ 在点 x_0 处的函数值,即

$$f'(x_0) = f'(x)\Big|_{x=x_0}$$

例 4 求函数 $y = \ln x$ 的导数.

解 由 $\Delta y = \ln(x+\Delta x) - \ln x = \ln\left(1+\dfrac{\Delta x}{x}\right)$, 得

$$\frac{\Delta y}{\Delta x} = \frac{\ln\left(1+\dfrac{\Delta x}{x}\right)}{\Delta x} = \frac{x}{\Delta x}\cdot\frac{1}{x}\ln\left(1+\frac{\Delta x}{x}\right) = \frac{1}{x}\ln\left(1+\frac{\Delta x}{x}\right)^{\frac{x}{\Delta x}}$$

从而

$$y' = \lim_{\Delta x\to 0}\frac{\Delta y}{\Delta x} = \lim_{\Delta x\to 0}\frac{1}{x}\ln\left(1+\frac{\Delta x}{x}\right)^{\frac{x}{\Delta x}} = \frac{1}{x}\ln e = \frac{1}{x}$$

根据定义可求部分基本初等函数的导数.

1)常量的导数

设函数 $y = f(x) = c$(c 为常数),显然,$f(x+\Delta x) = c$,则有

$$f'(x) = \lim_{\Delta x\to 0}\frac{f(x+\Delta x)-f(x)}{\Delta x} = \lim_{\Delta x\to 0}\frac{c-c}{\Delta x} = 0$$

即

$$(c)' = 0$$

2)幂函数的导数

设函数 $y = x^n$(n 为自然数),则有

$$\Delta y = (x+\Delta x)^n - x^n = nx^{n-1}\Delta x + \frac{n(n-1)}{2!}x^{n-2}(\Delta x)^2 + \cdots + (\Delta x)^n$$

$$\frac{\Delta y}{\Delta x} = nx^{n-1} + \frac{n(n-1)}{2!}x^{n-2}\Delta x + \cdots + (\Delta x)^{n-1}$$

$$\lim_{\Delta x\to 0}\frac{\Delta y}{\Delta x} = \lim_{\Delta x\to 0}\left[nx^{n-1} + \frac{n(n-1)}{2!}x^{n-2}\Delta x + \cdots + (\Delta x)^{n-1}\right] = nx^{n-1}$$

即

$$(x^n)' = nx^{n-1}$$

更一般地,对于幂函数 $y = x^a$(a 为实数),也有

$$(x^a)' = ax^{a-1}$$

这就是幂函数的导数公式(证明见 2.3.2 中例 5).

注 特别地,$n=1$ 时,$(x)' = 1$;$a = \dfrac{1}{2}$ 时,$(\sqrt{x})' = \dfrac{1}{2\sqrt{x}}$;$a = -1$ 时,$\left(\dfrac{1}{x}\right)' = -\dfrac{1}{x^2}$,这 3 个结果将会经常用到,最好熟记.

例 5 已知函数 $f(x) = \sqrt{x}$,求 $f'(9)$.

解 由 $f'(x) = \dfrac{1}{2\sqrt{x}}$,得

$$f'(9)=\frac{1}{2\sqrt{x}}\bigg|_{x=9}=\frac{1}{6}$$

3）对数函数的导数

设函数 $y=\log_a x,(a>0$ 且 $a\neq1)$，则有

$$\Delta y=\log_a(x+\Delta x)-\log_a x=\log_a\left(1+\frac{\Delta x}{x}\right)$$

$$\frac{\Delta y}{\Delta x}=\frac{1}{\Delta x}\log_a\left(1+\frac{\Delta x}{x}\right)=\frac{1}{x}\cdot\frac{x}{\Delta x}\log_a\left(1+\frac{\Delta x}{x}\right)=\frac{1}{x}\log_a\left(1+\frac{\Delta x}{x}\right)^{\frac{x}{\Delta x}}$$

$$\lim_{\Delta x\to0}\frac{\Delta y}{\Delta x}=\lim_{\Delta x\to0}\left[\frac{1}{x}\log_a\left(1+\frac{\Delta x}{x}\right)^{\frac{x}{\Delta x}}\right]=\frac{1}{x}\log_a\left[\lim_{\Delta x\to0}\left(1+\frac{\Delta x}{x}\right)^{\frac{x}{\Delta x}}\right]=\frac{1}{x}\log_a e=\frac{1}{x\ln a}$$

即

$$(\log_a x)'=\frac{1}{x\ln a}$$

特别地，当 $a=e$ 时，有

$$(\ln x)'=\frac{1}{x}$$

4）正弦函数和余弦函数的导数

设函数 $y=\sin x$，则有

$$\Delta y=\sin(x+\Delta x)-\sin x=2\cos\left(x+\frac{\Delta x}{2}\right)\sin\frac{\Delta x}{2}$$

$$\frac{\Delta y}{\Delta x}=\cos\left(x+\frac{\Delta x}{2}\right)\frac{\sin\frac{\Delta x}{2}}{\frac{\Delta x}{2}}$$

$$\lim_{\Delta x\to0}\frac{\Delta y}{\Delta x}=\lim_{\Delta x\to0}\cos\left(x+\frac{\Delta x}{2}\right)\frac{\sin\frac{\Delta x}{2}}{\frac{\Delta x}{2}}=\lim_{\Delta x\to0}\cos\left(x+\frac{\Delta x}{2}\right)\cdot\lim_{\Delta x\to0}\frac{\sin\frac{\Delta x}{2}}{\frac{\Delta x}{2}}=\cos x$$

即

$$(\sin x)'=\cos x$$

同理可得

$$(\cos x)'=-\sin x$$

2.1.3　导数的几何意义

由导数概念的引例，可以得到导数的几何意义.

导数的几何意义：$f'(x_0)$ 表示曲线 $y=f(x)$ 在点 $M_0(x_0,f(x_0))$ 处切线的斜率.

由平面解析几何知识，若 $f'(x_0)$ 存在，曲线 $y=f(x)$ 在点 $M_0(x_0,f(x_0))$ 处的切线方程、法线方程分别为

$$y-f(x_0)=f'(x_0)(x-x_0)$$

和
$$y-f(x_0)=-\frac{1}{f'(x_0)}(x-x_0) \quad (f'(x_0)\neq 0)$$

显然 $f'(x_0)=0$,曲线的切线方程为 $y=f(x_0)$,法线方程为 $x=x_0$.

注 $f'(x_0)=\infty$ 时,切线方程为 $x=x_0$,法线方程为 $y=f(x_0)$.

例 6 求曲线 $y=x^3$ 在点 $x=1$ 处的切线方程与法线方程.

解 由 $y'|_{x=1}=3x^2|_{x=1}=3$,得 $k_切=3$,$k_法=-\frac{1}{3}$

于是曲线 $y=x^3$ 在点 $x=1$ 处的切线方程和法线方程依次为
$$y-1=3(x-1),即\ 3x-y-2=0$$
$$y-1=-\frac{1}{3}(x-1),即\ x+3y-4=0$$

2.1.4 可导与连续的关系

在微分学中,函数的可导和连续是两个重要的概念,它们之间存在什么内在的联系呢?

如果函数 $y=f(x)$ 在点 x 处可导,则有 $f'(x)=\lim\limits_{\Delta x\to 0}\frac{\Delta y}{\Delta x}$,于是

$$\lim_{\Delta x\to 0}\Delta y=\lim_{\Delta x\to 0}(\frac{\Delta y}{\Delta x}\cdot\Delta x)=\lim_{\Delta x\to 0}\frac{\Delta y}{\Delta x}\lim_{\Delta x\to 0}\Delta x=f'(x)\cdot 0=0$$

由此表明,$y=f(x)$ 在点 x 处连续. 于是有函数 $y=f(x)$ 在点 x 处可导,则函数在点 x 处必连续. 反之未然,即函数 $y=f(x)$ 在点 x 处连续,但在点 x 处未必可导. 例如,函数 $f(x)=|x|=\sqrt{x^2}$ 为初等函数,因此在其定义域 $(-\infty,+\infty)$ 内连续,故在点 $x=0$ 处连续,但因 $f'_-(0)\neq f'_+(0)$,所以 $f(x)=|x|$ 在点 $x=0$ 处不可导(见 2.1.2 中例 2 的结论). 如所示,从图 2-2 中亦可得到验证.

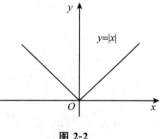

图 2-2

[定理 2] 如果函数 $y=f(x)$ 在点 x_0 处可导,则它在点 x_0 处一定连续. 反之,不一定成立.

同步练习 2.1

1.一作直线运动的物体的运动方程为 $s=t^2+3$,求:

(1)物体在 2 秒到 $2+\Delta t$ 秒这段时间的平均速度;

(2)物体在 $t=2$ 秒时的瞬时速度;

(3)物体在 t_0 秒到 $t_0+\Delta t$ 秒这段时间的平均速度;

(4)物体在第 t_0 秒时的瞬时速度.

2.根据导数的定义求 $f(x)=\frac{1}{2}x^2$ 的导数,并求 $f'(0)$ 与 $f'(1)$.

3.求下列函数的导数：

(1)$y=x^4$ (2)$y=\dfrac{1}{\sqrt{x}}$ (3)$y=\sqrt[3]{x^2}$ (4)$y=\sqrt{x\sqrt{x\sqrt{x}}}$

4.函数 $y=f(x)$ 在点 x_0 处可导,曲线 $y=f(x)$ 在点 $(x_0,f(x_0))$ 处是否有切线？若曲线 $y=f(x)$ 在点 $(x_0,f(x_0))$ 处有切线,函数 $y=f(x)$ 在点 x_0 处是否可导？

5.求曲线 $y=3x^3-x^2+1$ 在点 $(1,3)$ 处的切线方程和法线方程.

2.2 求导的基本法则

第一节中,我们给出了根据定义求导数的方法,计算了几种简单函数的导数(其结果可作为公式).显而易见,对绝大多数函数来说,用定义求导数是极其复杂的.本节中,我们将介绍基本求导公式.

2.2.1 函数的导数的四则运算

[定理 3] 设函数 $u=u(x)$ 和 $v=v(x)$ 都在点 x 处可导,则函数 $u(x)\pm v(x)$、$u(x)v(x)$、$\dfrac{u(x)}{v(x)}(v(x)\neq0)$ 在点 x 处也可导,且有

$$[u(x)\pm v(x)]'=u'(x)\pm v'(x)$$
$$[u(x)v(x)]'=u'(x)v(x)+u(x)v'(x)$$

特别地,有

$$[Cu(x)]'=Cu'(x)(C\text{ 为常数})$$
$$\left[\dfrac{u(x)}{v(x)}\right]'=\dfrac{u'(x)v(x)-u(x)v'(x)}{v^2(x)}(v(x)\neq0)$$

特别地,当 $u(x)=C(C$ 为常数)时,有

$$\left[\dfrac{C}{v(x)}\right]'=-\dfrac{Cv'(x)}{v^2(x)}$$

导数的和、差、积运算还可以推广到有限多个可导函数的情形,例如,设 $w=w(x)$ 也是在点 x 处可导的函数,则有

$$[u(x)\pm v(x)\pm w(x)]'=u'(x)\pm v'(x)\pm w'(x)$$
$$[u(x)v(x)w(x)]'=u'(x)v(x)w(x)+u(x)v'(x)w(x)+u(x)v(x)w'(x)$$

下面证明:设函数 $u=u(x),v=v(x)$ 在点 x 处可导,则函数 $u(x)+v(x)$ 在点 x 处也可导,其他同理可证明.

证明 (1)设 $y=f(x)=u(x)+v(x)$,由导数的定义得

$$y' = \lim_{\Delta x \to 0} \frac{f(x+\Delta x)-f(x)}{\Delta x}$$

$$= \lim_{\Delta x \to 0} \frac{u(x+\Delta x)+v(x+\Delta x)-u(x)-v(x)}{\Delta x}$$

$$= \lim_{\Delta x \to 0} \left[\frac{u(x+\Delta x)-u(x)}{\Delta x} + \frac{v(x+\Delta x)-v(x)}{\Delta x} \right]$$

$$= \lim_{\Delta x \to 0} \frac{u(x+\Delta x)-u(x)}{\Delta x} + \lim_{\Delta x \to 0} \frac{v(x+\Delta x)-v(x)}{\Delta x}$$

$$= u'(x)+v'(x)$$

即

$$[u(x)+v(x)]' = u'(x)+v'(x)$$

例1 设函数 $f(x)=x^2-\cos x$，求 $f'(x)$.

解

$$f'(x) = (x^2)'-(\cos x)' = 2x+\sin x$$

例2 设函数 $f(x)=x^3+\sin x+\ln 4$，求 $f'(x)$ 及 $f'(0)$.

解

$$f'(x) = (x^3)'+(\sin x)'+(\ln 4)' = 3x^2+\cos x$$
$$f'(0) = 1$$

例3 设函数 $y=\sqrt{x}\sin x+3e+\ln x$，求 y'.

解

$$y' = (\sqrt{x})'\sin x+\sqrt{x}(\sin x)'+(3e)'+(\ln x)' = \frac{\sin x}{2\sqrt{x}}+\sqrt{x}\cos x+\frac{1}{x}$$

例4 证明 $(\tan x)'=\sec^2 x$.

证明

$$(\tan x)' = \left(\frac{\sin x}{\cos x}\right)' = \frac{\cos^2 x+\sin^2 x}{\cos^2 x} = \frac{1}{\cos^2 x} = \sec^2 x$$

同理可证得

$$(\cot x)' = -\frac{1}{\sin^2 x} = -\csc^2 x$$

思 证明 $(\sec x)'=\sec x\tan x$ 和 $(\csc x)'=-\csc x\cot x$.

例5 求函数 $y=\dfrac{x^2+\sqrt{x}-1}{x}$ 的导数.

解 因为 $y=\dfrac{x^2+\sqrt{x}-1}{x}=x+x^{-\frac{1}{2}}-x^{-1}$，所以

$$y' = 1-\frac{1}{2}x^{-\frac{3}{2}}+x^{-2}$$

注 对较繁琐的式子求导时，若能简化，一般先简化，再求导.

应用导数的基本公式和四则运算法则,能求出所有简单函数(基本初等函数经有限次四则运算所得的函数)的导数,但对复合函数的导数又该如何求解呢?

2.2.2　复合函数的求导法则

[**定理 4**]　设函数 $u=\varphi(x)$ 在点 x 处可导,而函数 $y=f(u)$ 在其对应点 $u(u=\varphi(x))$ 处可导,且复合函数 $y=f(\varphi(x))$ 在点 x 处有意义,则复合函数 $y=f(\varphi(x))$ 在点 x 处可导,且

$$\frac{\mathrm{d}y}{\mathrm{d}x}=\frac{\mathrm{d}y}{\mathrm{d}u}\cdot\frac{\mathrm{d}u}{\mathrm{d}x}$$

或
$$y'_x=y'_u u'_x$$

亦或
$$[f(\varphi(x))]'=f'(\varphi(x))\varphi'(x)$$

即复合函数的导数等于复合函数对中间变量的导数乘以中间变量对自变量的导数.

证明　设自变量 x 的增量为 Δx,则有函数 $u=\varphi(x)$ 的增量 Δu,又由 Δu,有函数 y 的增量 Δy.

已知函数 $y=f(u)$ 在点 u 处可导,则有

$$\lim_{\Delta u\to 0}\frac{\Delta y}{\Delta u}=f'(u)$$

由于 $u=\varphi(x)$ 在点 x 处可导,则 u 在点 x 处连续,所以当 $\Delta x\to 0$ 时,$\Delta u\to 0$,因此

$$\lim_{\Delta x\to 0}\frac{\Delta y}{\Delta x}=\lim_{\Delta x\to 0}\frac{\Delta y}{\Delta u}\lim_{\Delta x\to 0}\frac{\Delta u}{\Delta x}=\lim_{\Delta u\to 0}\frac{\Delta y}{\Delta u}\lim_{\Delta x\to 0}\frac{\Delta u}{\Delta x}$$

$$=f'(u)\varphi'(x)=f'(\varphi(x))\varphi'(x)$$

即

$$[f(\varphi(x))]'=f'_x(\varphi(x))=f'(\varphi(x))\varphi'(x)$$

此定理可以推广到有限个函数复合而成的复合函数情形. 仅以三个函数复合而成的复合函数求导为例:$y=f(u)$,$u=\varphi(v)$,$v=\psi(x)$ 都可导,且复合函数 $y=f(\varphi(\psi(x)))$ 有定义,该复合函数的导数为

$$\frac{\mathrm{d}y}{\mathrm{d}x}=\frac{\mathrm{d}y}{\mathrm{d}u}\cdot\frac{\mathrm{d}u}{\mathrm{d}v}\cdot\frac{\mathrm{d}v}{\mathrm{d}x}\ 或\ y'_x=y'_u u'_v v'_x$$

例 6　设函数 $y=\sin 2x$,求 y'.

解　$y=\sin 2x$ 可看作由 $y=\sin u$,$u=2x$ 复合而成,所以
$$y'_x=y'_u u'_x=\cos u\cdot 2=2\cos 2x$$

例 7　已知 $y=\sin^2 x$,求 y'.

解　$y=\sin^2 x$ 可看作由 $y=u^2$,$u=\sin x$ 复合而成,所以

$$y'=\frac{\mathrm{d}y}{\mathrm{d}x}=\frac{\mathrm{d}y}{\mathrm{d}u}\cdot\frac{\mathrm{d}u}{\mathrm{d}x}=2u\cdot\cos x=2\sin x\cos x=\sin 2x$$

注　在计算熟练之后,可不必把中间变量写出来.

例 8　设 $y=\ln^2(3x-1)$,求 y'.

解

$$y' = [\ln^2(3x-1)]' = 2\ln(3x-1) \cdot [\ln(3x-1)]' = \frac{6}{3x-1}\ln(3x-1)$$

例 9 已知 $y = e^{x^2}$，求 y'.

解

$$y' = e^{x^2}(x^2)' = 2xe^{x^2}$$

2.2.3 反函数的求导法则

为了讨论指数函数与反三角函数的导数，我们首先讨论反函数的求导法则.

[**定理 5**] 如果单调连续函数 $x = \varphi(y)$ 在 y 点处可导，且 $\varphi'(y) \neq 0$，那么它的反函数 $y = f(x)$ 在对应点 x 处可导，且有

$$f'(x) = \frac{1}{\varphi'(y)}$$

或

$$\frac{\mathrm{d}y}{\mathrm{d}x} = \frac{1}{\dfrac{\mathrm{d}x}{\mathrm{d}y}}$$

证明从略. 此定理表明，反函数的导数等于直接函数导数的倒数.

例 10 已知 $y = a^x$，$(a > 0$ 且 $a \neq 1)$，求 y'.

解 已知 $y = a^x(a > 0$ 且 $a \neq 1)$ 是 $x = \log_a y(a > 0$ 且 $a \neq 1)$ 的反函数，而 $x = \log_a y$ 在 $(0, +\infty)$ 上单调、可导，且

$$(\log_a y)' = \frac{1}{y\ln a} \neq 0$$

故在对应的区间 $(-\infty, +\infty)$ 内，有

$$(a^x)' = \frac{1}{(\log_a y)'} = y\ln a = a^x \ln a$$

即

$$(a^x)' = a^x \ln a;$$

特别地，$a = e$ 时，有

$$(e^x)' = e^x$$

例 11 已知函数 $y = \arcsin x$，$\left(-1 < x < 1, -\dfrac{\pi}{2} < y < \dfrac{\pi}{2}\right)$，求 y'.

解 已知 $y = \arcsin x$ 是 $x = \sin y\left(-\dfrac{\pi}{2} < y < \dfrac{\pi}{2}\right)$ 的反函数. $x = \sin y$ 在区间 $\left(-\dfrac{\pi}{2}, \dfrac{\pi}{2}\right)$ 单调、可导，且 $(\sin y)' = \cos y > 0$，故在 $(-1, 1)$ 内有

$$(\arcsin x)' = \frac{1}{(\sin y)'} = \frac{1}{\cos y} = \frac{1}{\sqrt{1-\sin^2 y}} = \frac{1}{\sqrt{1-x^2}}$$

即

$$(\arcsin x)' = \frac{1}{\sqrt{1-x^2}}$$

同理可得

$$(\arccos x)' = -\frac{1}{\sqrt{1-x^2}}, (\arctan x)' = \frac{1}{1+x^2}, (\text{arccot}x)' = -\frac{1}{1+x^2}$$

注 例 10,例 11 中的函数的导数可做为公式使用.

2.2.4 初等函数的导数公式

初等函数是由基本初等函数经过有限次四则运算和有限次复合步骤而构成的能用一个解析式表达的函数. 因此,利用前面推得的基本初等函数的导数(称为导数基本公式),函数的四则运算求导法则和复合函数的求导法则,就完全可以求出初等函数的导数. 这些公式、法则非常重要,为了便于查阅,将导数公式、求导法则汇总如下:

1)导数基本公式

(1) $(c)' = 0$,(c 为常数) (2) $(x^a)' = \alpha x^{a-1}$,(α 为实数)

(3) $(\log_a x)' = \frac{1}{x \ln a}$,($a > 0$ 且 $a \neq 1$) (4) $(\ln x)' = \frac{1}{x}$

(5) $(a^x)' = a^x \ln a$,($a > 0$ 且 $a \neq 1$) (6) $(e^x)' = e^x$

(7) $(\sin x)' = \cos x$ (8) $(\cos x)' = -\sin x$

(9) $(\tan x)' = \sec^2 x$ (10) $(\cot x)' = -\csc^2 x$

(11) $(\sec x)' = \sec x \tan x$ (12) $(\csc x)' = -\csc x \cot x$

(13) $(\arcsin x)' = \frac{1}{\sqrt{1-x^2}}$ (14) $(\arccos x)' = -\frac{1}{\sqrt{1-x^2}}$

(15) $(\arctan x)' = \frac{1}{1+x^2}$ (16) $(\text{arccot } x)' = -\frac{1}{1+x^2}$

2)求导法则

(1)四则运算求导法则

设 $u = u(x)$,$v = v(x)$ 均可导,则

① $(u \pm v)' = u' \pm v'$

② $(uv)' = u'v + uv'$,特别地,当 $v = C$(C 为常数)时,$(Cu)' = Cu'$

③ $\left(\frac{u}{v}\right)' = \frac{u'v - uv'}{v^2}$,特别地,当 $u = C$(C 为常数)时,$\left(\frac{C}{v}\right)' = -\frac{Cv'}{v^2}$,$(v \neq 0)$

(2)复合函数求导法则

设函数 $u = \varphi(x)$ 在点 x 处可导,而函数 $y = f(u)$ 在其对应的点 $u(u = \varphi(x))$ 处可导,且复合函数 $y = f(\varphi(x))$ 有意义,则复合函数 $y = f(\varphi(x))$ 在点 x 处可导,且其导数为

$$\frac{\mathrm{d}y}{\mathrm{d}x}=\frac{\mathrm{d}y}{\mathrm{d}u}\cdot\frac{\mathrm{d}u}{\mathrm{d}x}$$

或 $$y'_x=y'_u u'_x$$

亦或 $$[f(\varphi(x))]'=f'_x(\varphi(x))=f'(\varphi(x))\varphi'(x)$$

同步练习 2.2

1.求下列函数的导数：

(1) $y=\dfrac{1}{x}$

(2) $y=\sqrt[5]{x}$

(3) $y=\dfrac{1}{\sqrt{x}}$

(4) $y=x^3+2x^2+e$

(5) $y=x^2-\sqrt{x}$

(6) $y=(1-x)(1-2x)$

(7) $y=(\sqrt{x}+1)\left(\dfrac{1}{\sqrt{x}}-1\right)$

(8) $y=\dfrac{1-x^2}{e^x}$

(9) $y=\dfrac{\sin x}{1+\cos x}$

(10) $s=\dfrac{t-1}{t+2}$

2.求下列函数的导数：

(1) $y=(2x+1)^6$

(2) $y=\ln(2x+1)$

(3) $y=\sin^2 x+\sin 2x$

(4) $y=e^{\sin x}$

(5) $y=\sqrt{\ln x}+\ln\sqrt{x}$

(6) $y=\ln(x+\sqrt{1+x^2})$

(7) $y=\log_a(1+x^2)$

(8) $y=e^{-x}\ln(x-1)$

2.3　隐函数求导及应用

2.3.1　隐函数的导数

前面求导方法中讨论的函数，函数的因变量 y 可用自变量 x 的一个表达式 $y=f(x)$ 直接"明显"地表示出来，这类函数称为显函数，如 $y=x^2+\sin x$，$y=\sqrt{1-x^3}$ 等都是显函数，以前我们所遇到的函数大部分为显函数.

在一些问题中，我们还会遇到一些函数的因变量 y 与自变量 x 的对应关系是用一个方程 $F(x,y)=0$ 来表示的，变量 x 与变量 y 之间的关系隐含在一个方程（或等式）中，如 $2x-y+1=0$，$e^{x+y}=xy$ 等，我们称这种形式表示的函数为隐函数.

有些隐函数可以化为显函数，如 $2x-y+1=0$，可化为 $y=2x+1$（假设 y 是 x 的函数），这个过程称为隐函数的显化.可有些隐函数却很难甚至不可能化为显函数，如 $e^{x+y}=xy$.因此，我们有必要来研究隐函数的求导法.下面通过例子来说明，直接由方程 $F(x,y)=0$ 求出导数 $y'(x)$ 的方法.以下我们约定，所指由方程 $F(x,y)=0$

所确定的 y 关于 x 的隐函数都是存在且可导的.

例 1　求由方程 $x^2 + y^2 = 4$ 所确定的隐函数 $y = y(x)$ 的导数 y'_x.

解　方程两端对 x 求导,注意 y 是 x 的函数,即 $y = y(x)$,由复合函数的求导法则,得

$$2x + 2y \cdot y'_x = 0$$

解 y'_x 得

$$y'_x = -\frac{x}{y}$$

注　在实际应用时,注意以下 **2** 类情况.

① 隐函数的求导结果中可保留含因变量 y 的形式.

② y'_x 表示 y 对 x 求导,为方便起见,我们将导数 y'_x 简记为 y'.

思　x'_x 与 x'_y,y'_x 与 y'_y,$(y^2)'_x$ 与 $(y^2)'_y$ 各表示什么,各等于什么?

例 2　设由方程 $x^2 + y^2 - \sin(xy) = 1$ 确定的函数 $y = y(x)$,求 $\dfrac{\mathrm{d}y}{\mathrm{d}x}$.

解　方程两边分别对 x 求导,得
$$2x + 2yy' - \cos(xy)(y + xy') = 0$$

于是
$$y' = \frac{y\cos(xy) - 2x}{2y - x\cos(xy)}$$

即

$$\frac{\mathrm{d}y}{\mathrm{d}x} = \frac{y\cos(xy) - 2x}{2y - x\cos(xy)}$$

例 3　求由方程 $e^y = xy + e$ 所确定的隐函数 $y = y(x)$ 在点 $x = 0$ 处的导数 $y'|_{x=0}$.

解　对方程 $e^y = xy + e$ 两边分别关于 x 求导,则有
$$e^y y' = y + xy'$$

得

$$y' = \frac{y}{e^y - x}$$

当 $x = 0$ 时,由方程 $e^y = xy + e$ 解得 $y = 1$,所以
$$y'|_{x=0} = y'|_{(0,1)} = e^{-1}$$

注　$y'|_{x=0}$ 是指求点 $x = 0$ 处的导数值.条件中只给出自变量 $x = 0$,要通过隐函数 $e^y = xy + e$ 求得因变量 $y = 1$.遇到这种求隐函数的导数时,应先从已知的隐函数中求出另一变量的值,再代入所求得的导数求值,避免得出错误如答案 $y'|_{x=0} = \dfrac{y}{e^y}$.

求隐函数导数的方法

① 将确定隐函数的方程的两边同时对自变量 x 求导数,凡遇到含有因变量 y 的项时,把 y 看作 x 的函数,按复合函数求导法求导;

② 从所得的等式中解出 y'.注意在 y' 的表示式里允许含有.

*2.3.2 隐函数求导的应用

1)对数求导法

以上介绍了显函数和隐函数的求导方法. 但若已知函数是由几个因子通过乘、除、乘方、开方所构成的(如 $y=\sqrt{\dfrac{(x-1)(x-2)}{3-x}}$),或是形如 $y=f(x)^{g(x)}$ 结构的幂指函数,使用前面介绍的求导方法就不容易甚至无法求得导数. 此时,可考虑先通过取对数,化乘、除运算为加、减运算,化乘方、开方运算为乘积运算,然后再根据隐函数的求导方法求其导数. 这种方法称为对数求导法.

例 4 求 $y=\dfrac{\sqrt{x-1}\cdot\sqrt[3]{(x-2)^2}}{\sqrt{3-x}}$ 的导数.

解 对方程两边取自然对数,得

$$\ln y=\frac{1}{2}\big[\ln(x-1)-\ln(3-x)\big]+\frac{2}{3}\ln|x-2|$$

上式两边对 x 求导,得

$$\frac{1}{y}y'=\frac{1}{2}\Big[\frac{1}{x-1}+\frac{1}{3-x}(-1)\Big]+\frac{2}{3(x-2)}$$

即

$$y'=\frac{\sqrt{x-1}\sqrt[3]{(x-2)^2}}{\sqrt{3-x}}\Big(\frac{1}{2(x-1)}+\frac{1}{2(x-3)}+\frac{2}{3(x-2)}\Big)$$

例 5 证明幂函数 $y=x^a$ ($x>0$,a 为任意实数)的导数 $y'=\alpha x^{a-1}$.

证 先对 $y=x^a$ 两边取自然对数,得

$$\ln y=\alpha\ln x$$

等式两边对 x 求导,得

$$\frac{1}{y}y'=\alpha\cdot\frac{1}{x}$$

解得

$$y'=\alpha\cdot\frac{y}{x}=\alpha x^{a-1}$$

例 6 求函数 $y=x^x$ 的导数.

解 先对 $y=x^x$ 两边取自然对数,得

$$\ln y=x\ln x$$

等式两边对 x 求导,得

$$\frac{1}{y}y'=\ln x+x\cdot\frac{1}{x}=\ln x+1$$

解得

$$y'=x^x(\ln x+1)$$

思 $(x^x)'$ 为什么不能用公式 $(x^a)'=ax^{a-1}$ 或 $(a^x)'=a^x\ln a$ 求解?

同步练习 2.3

1.求由下列方程所确定的隐函数 $y=f(x)$ 的导数 $\dfrac{\mathrm{d}y}{\mathrm{d}x}$:

(1) $3y^2-4y+x=1$ (2) $\dfrac{x^2}{a^2}+\dfrac{y^2}{b^2}=1$

(3) $y=1+xe^y$ (4) $y+\sin y-\cos x=0$,求 $y'\big|_{(\frac{\pi}{2},0)}$

2.求曲线 $x^2+y^5-2xy=0$ 在点 $(1,1)$ 处的切线方程.

* 3.利用对数求导法,求下列函数的导数:

(1) $y=x^{\sin x}(x>0)$ (2) $y=\dfrac{x^3(2x+1)^2}{\sqrt[3]{(1-x)^2}}$

---

* 2.4 参数方程的求导

表达函数关系的方法有很多种,有以 $y=f(x)$ 形式给出的,有由方程 $F(x,y)=0$ 确定的等.下面再介绍一种以参变量的形式给出的函数关系,并讨论它的导数问题.

假定参数方程

$$\begin{cases} x=\varphi(t) \\ y=\psi(t) \end{cases} (t\ 为参变量)$$

确定 y 与 x 之间的函数关系,则称此函数关系所表示的函数为由参数方程所确定的函数.

不妨记确定的函数为 $y=f(x)$(即 $y=f(x)$ 可视为由 $y=\psi(t)$,$t=\varphi^{-1}(x)$ 复合而成的函数),并且假设 $x=\varphi(t)$,$y=\psi(t)$ 均可导,且 $\varphi'(t)\neq 0$,又假定 $x=\varphi(t)$ 具有单调连续的反函数 $t=\varphi^{-1}(x)$,则此函数关于自变量 x 可导,由复合函数求导法则以及反函数的求导法则,可得

$$\frac{\mathrm{d}y}{\mathrm{d}x}=\frac{\mathrm{d}y}{\mathrm{d}t}\cdot\frac{\mathrm{d}t}{\mathrm{d}x}=\frac{\mathrm{d}y}{\mathrm{d}t}\cdot\frac{1}{\dfrac{\mathrm{d}x}{\mathrm{d}t}}=\frac{\psi'(t)}{\varphi'(t)}$$

即

$$\frac{\mathrm{d}y}{\mathrm{d}x}=\frac{\psi'(t)}{\varphi'(t)}$$

例 1 求摆线 $\begin{cases} x=a(t-\sin t) \\ y=a(1-\cos t) \end{cases}$,$(0\leqslant t\leqslant 2\pi)$ 在点 $t=\dfrac{\pi}{2}$ 处的切线方程.

解 由参数方程求导法得

$$\frac{\mathrm{d}y}{\mathrm{d}x}=\frac{\dfrac{\mathrm{d}y}{\mathrm{d}t}}{\dfrac{\mathrm{d}x}{\mathrm{d}t}}=\frac{a\sin t}{a(1-\cos t)}$$

在点 $t=\frac{\pi}{2}$ 处的切线斜率为

$$\frac{\mathrm{d}y}{\mathrm{d}x}\Big|_{t=\frac{\pi}{2}}=1$$

当 $t=\frac{\pi}{2}$ 时，$x=a\left(\frac{\pi}{2}-1\right)$，$y=a$，即摆线上对应的点为 $\left(a\left(\frac{\pi}{2}-1\right),a\right)$，切线方程为

$$y-a=x-a\left(\frac{\pi}{2}-1\right)$$

即

$$y=x+a\left(2-\frac{\pi}{2}\right)$$

同步练习 2.4

1. 求由参数方程 $\begin{cases} x=t^2+1 \\ y=t^3+t \end{cases}$ 所确定的函数的导数 $\frac{\mathrm{d}y}{\mathrm{d}x}$.

2. 求由参数方程 $\begin{cases} x=\cos\theta \\ y=2\sin\theta \end{cases}$ 所确定的函数在点 $\theta=\frac{\pi}{4}$ 处的导数 $\frac{\mathrm{d}y}{\mathrm{d}x}\Big|_{\theta=\frac{\pi}{4}}$.

2.5 高阶导数

2.5.1 高阶导数的概念

若函数 $y=f(x)$ 的导数 $y'=f'(x)$ 仍然是 x 的函数，则我们可以继续讨论 $f'(x)$ 对 x 的导数.

如果 $f'(x)$ 仍然可导，则它的导数称为函数 $y=f(x)$ 的二阶导数，记作

$$y'',f''(x),\frac{\mathrm{d}^2y}{\mathrm{d}x^2},\frac{\mathrm{d}^2f(x)}{\mathrm{d}x^2}$$

二阶导数的物理学意义：在研究导数的定义时，我们知道，若物体的运动方程为 $s=s(t)$，则物体在时刻 t 的瞬时速度为 $v(t)=s'(t)$. 速度 $v(t)=s'(t)$ 仍是时间 t 的函数，$v(t)$ 对时间 t 的变化率（$v(t)$ 的导数）是物体在时刻 t 的加速度，即 $a=v'(t)=(s'(t))'=s''(t)$. 也就是说 $s(t)$ 的二阶导数为运动物体的加速度，这便是二阶导数的物理意义.

类似地，如果二阶导数 $y''=f''(x)$ 可导，则它的导数称为函数 $y=f(x)$ 的三阶导数，记作

$$y''',f'''(x),\frac{\mathrm{d}^3y}{\mathrm{d}x^3},\frac{\mathrm{d}^3f(x)}{\mathrm{d}x^3}$$

依此类推，若函数 $y=f(x)$ 的 $n-1$ 阶导数仍然可导，则它的导数称为 $f(x)$ 的 n

阶导数,记作

$$y^{(n)}, f^{(n)}(x), \frac{d^n y}{dx^n}, \frac{d^n f(x)}{dx^n}$$

函数 $y = f(x)$ 在点 x 处具有 n 阶导数,则 $f(x)$ 在点 x 的某一邻域内一定具有一切低于 n 阶的导数.

我们将二阶以及二阶以上的各阶导数,统称为高阶导数.

2.5.2 高阶导数的计算

例 1 已知 $y = \cos^2 x$,求 $y''|_{x=0}$.

解

$$y' = 2\cos x (\cos x)' = -2\cos x \sin x = -\sin 2x$$
$$y'' = -2\cos 2x$$
$$y''|_{x=0} = -2\cos 2x|_{x=0} = -2$$

例 2 已知 $y = x^n$,求 $y^{(n)}$.

解

$$y' = nx^{n-1}$$
$$y'' = n(n-1)x^{n-2}$$
$$y''' = n(n-1)(n-2)x^{n-3}$$
$$\cdots$$
$$y^{(n)} = n(n-1)(n-2)(n-3)\cdots 3 \cdot 2 \cdot 1 = n!$$

例 3 求 $y = e^x$ 的 n 阶导数.

解

$$y' = e^x, y'' = e^x, y''' = e^x, \cdots, y^{(n)} = e^x$$

例 4 设 $f(x) = \ln(x+2)$,求 $f^{(n)}(x)$

解

$$f'(x) = \frac{1}{x+2}$$

$$f''(x) = -\frac{1}{(x+2)^2}$$

$$f'''(x) = \frac{1 \cdot 2}{(x+2)^3}$$

$$\cdots$$

$$f^{(n)}(x) = (-1)^{n-1}\frac{(n-1)!}{(x+2)^n}$$

同步练习 2.5

1. 求下列函数的二阶导数：

(1) $y = x^2 + \ln x$　　(2) $y = \sin(1 + x^2)$　　(3) $y = \sqrt{1 - x^2}$

2. 求下列函数的高阶导数：

(1) $y = (x + 2)^{10}$，求 $y^{(3)}(0)$　　(2) $y = 3^x$，求 $y^{(n)}$

(3) $f(x) = \dfrac{1}{x - 1}$，求 $f^{(n)}(2)$

2.6　函数的微分

2.6.1　微分的概念

通过导数，我们研究了函数变化率的大小，即 $\dfrac{\Delta y}{\Delta x}$ 当 $\Delta x \to 0$ 时的极限，但在许多实际问题中，我们常常需要研究在自变量发生微小变化时，函数的增量 Δy 的大小．这就需要讨论微分学中的另一个基本概念——微分．先分析两个实例．

1) 面积的改变量

一块正方形金属薄片受温度变化的影响，其边长由 x_0 变到 $x_0 + \Delta x$，则此薄片的面积改变了多少？

设此薄片的边长为 x，则薄片的面积 $S = x^2$，面积的增量为

$$\Delta S = (x_0 + \Delta x)^2 - x_0^2 = 2x_0 \Delta x + (\Delta x)^2$$

上式中 ΔS 由两部分构成，第一部分 $2x_0 \Delta x$ 是 Δx 的线性函数，即图 2-3 中两个小矩形面积之和；第二部分 $(\Delta x)^2$ 是当 $\Delta x \to 0$ 时关于 Δx 的高阶无穷小量，即图 2-3 中右上角小正方形的面积．因此，第一部分 $2x_0 \Delta x$ 是主要部分；第二部分 $(\Delta x)^2$ 是次要部分，当 $|\Delta x|$ 很小时我们可以忽略这一部分，而以其线性主要部分来近似代替面积的增量 ΔS，即

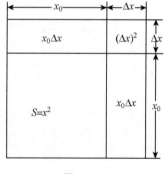

图 2-3

$$\Delta S \approx 2x_0 \Delta x$$

注意到　　　　　　　　$2x_0 = (x^2)' \big|_{x = x_0}$

这时所产生的误差是很小的．显然，当 $|\Delta x|$ 越小，近似程度就越好．如图 2-3 所示，面积的增量 ΔS 与 $2x_0 \Delta x$ 的误差是右上小正方形的面积．

2) 自由落体运动的路程改变量

自由落体运动的路程 s 与时间 t 的关系是

$$s = \frac{1}{2} g t^2$$

当时间从 t_0 变化到 $t_0 + \Delta t$ 时,路程 s 有相应增量

$$\Delta s = \frac{1}{2} g (t_0 + \Delta t)^2 - \frac{1}{2} g t_0^2 = g t_0 \Delta t + \frac{1}{2} g (\Delta t)^2$$

上式右边第一部分 $g t_0 \Delta t$ 是 Δt 的线性函数. 第二部分 $\frac{1}{2} g (\Delta t)^2$ 是当 $\Delta t \rightarrow 0$ 时关于 Δt 的一个高阶无穷小量. 因此当 $|\Delta t|$ 很小时,我们可以忽略第二部分,而得到路程的增量 Δs 的近似值:$\Delta s \approx g t_0 \Delta t$. 注意到

$$g t_0 = \left(\frac{1}{2} g t^2 \right)' \Big|_{t=t_0}$$

上面两例所代表的实际意义虽然不同,但其数学表达的形式是完全相同. 抛开它们的具体实际意义,把这种数学形式抽象出来. 当函数 $y = f(x)$,满足一定条件时,函数的增量 Δy 总可以写成关于 Δx 的线性函数与关于 Δx 的高阶无穷小量之和,即表示为

$$\Delta y = A \Delta x + o(\Delta x)$$

其中 A 是不依赖于 Δx 的常数,因此 $A \Delta x$ 是 Δx 的线性函数,且它与 Δy 之差

$$\Delta y - A \Delta x = o(\Delta x)$$

是比 Δx 高阶的无穷小. 所以,当 $A \neq 0$,且 $|\Delta x|$ 很小时,我们就可以用 $A \Delta x$ 近似地来代替 Δy,即

$$\Delta y \approx A \Delta x$$

这时 $A \Delta x$ 就有了特殊的意义. 可以证明 $A = f'(x_0)$(证明从略).

[**定义 2**] 若函数 $y = f(x)$ 在点 x 处的增量 $\Delta y = f(x + \Delta x) - f(x)$ 可表示为 $\Delta y = A \Delta x + o(\Delta x)$,其中 $o(\Delta x)$ 为比 $\Delta x(\Delta x \rightarrow 0)$ 高阶的无穷小,则称 $f(x)$ 在点 x 处可微,并称其线性主部 $A \Delta x$ 为函数 $y = f(x)$ 在点 x 处的微分,记作 $\mathrm{d}y$ 或 $\mathrm{d}f(x)$,即 $\mathrm{d}y = A \Delta x$,且有 $A = f'(x)$,故

$$\mathrm{d}y = f'(x) \Delta x$$

例 1 求函数 $y = x^2$ 在 $x = 3$ 处的微分.

解 由 $y' = 2x$,得

$$y' \big|_{x=3} = 2 \cdot 3 = 6$$

所以

$$\mathrm{d}y \big|_{x=3} = 6 \Delta x$$

若函数 $y = f(x)$ 在某区间 (a, b) 内每一点都可微,则称函数 $y = f(x)$ 在区间 (a, b) 内可微,这时函数 $y = f(x)$ 称为区间 (a, b) 上的可微函数.

特别地,若 $y = x$,则

$$\mathrm{d}y = \mathrm{d}x = x' \cdot \Delta x = \Delta x$$

即
$$\mathrm{d}x = \Delta x$$

这就是说自变量的微分等于自变量的增量. 于是 $y = f(x)$ 在点 x 处的微分也可写成

$$\mathrm{d}y = f'(x)\mathrm{d}x$$

从而有

$$\frac{\mathrm{d}y}{\mathrm{d}x} = f'(x)$$

因此, $\dfrac{\mathrm{d}y}{\mathrm{d}x}$ 不仅是导数的记号, 也可作为分式来看待, 即导数是函数的微分与自变量的微分之商, 故导数又称为微商.

注 微分与导数是两个不同的概念. 导数是函数在点 x 处的变化率, 而微分是函数在点 x 处由自变量的微小增量 Δx 所引起的函数的增量 Δy 的主要部分; 导数值只与自变量 x 有关, 而微分值不仅与 x 有关, 也与 Δx 有关. 导数与微分又是密切相关的, 可导函数一定可微, 可微函数也一定可导.

例 2 已知函数 $y = \sin x$, 求 $\mathrm{d}y$、$\mathrm{d}y\big|_{x=\pi}$ 与 $\mathrm{d}y\big|_{\substack{x=\pi \\ \Delta x=0.1}}$

解
$$\mathrm{d}y = y'\mathrm{d}x = \cos x\,\mathrm{d}x$$
$$\mathrm{d}y\big|_{x=\pi} = \cos\pi\,\mathrm{d}x = -\mathrm{d}x$$
$$\mathrm{d}y\big|_{\substack{x=\pi \\ \Delta x=0.1}} = -0.1$$

例 3 求函数 $y = xe^x$ 的微分.

解
$$\mathrm{d}y = y'\mathrm{d}x = (xe^x)'\mathrm{d}x = (e^x + xe^x)\mathrm{d}x = (1+x)e^x\,\mathrm{d}x$$

2.6.2 微分的几何意义

为了对微分这一概念有比较直观的了解, 下面分析微分的几何意义.

如图 2-4 所示, 在横坐标上取一点 x_0, 给其增量 Δx, 得横坐标上另一点 $x_0 + \Delta x$, 并标记曲线 $y = f(x)$ 上相应的点分别为 $M_0(x_0, f(x_0))$ 和 $M(x_0 + \Delta x, f(x_0 + \Delta x))$. 可知 $M_0 N = \Delta x$, $MN = \Delta y$.

过 M_0 点做切线 $M_0 T$, $M_0 T$ 交虚线 MN 于 P 点, 其斜率为 $\tan\alpha$, 则

$$PN = M_0 N \cdot \tan\alpha = \Delta x \cdot f'(x_0) = \mathrm{d}y$$

由此, 函数 $y = f(x)$ 在点 x_0 的微分等于曲线 $y = f(x)$ 在点 $(x_0, f(x_0))$ 切线上点的纵坐标

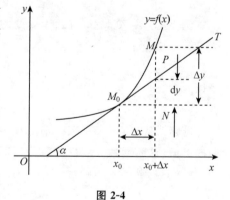

图 2-4

相应于自变量 Δx 的改变量.

因此,用函数的微分 dy 近似代替函数的增量 Δy,就是用点 M_0 处切线的纵坐标的增量 PN 近似代替曲线 $f(x)$ 纵坐标的增量 MN,且误差为

$$MP = MN - PN = \Delta y - dy = o(\Delta x)$$

当 $|\Delta x|$ 很小时,$|\Delta y - dy|$ 比 $|\Delta x|$ 小得多. 因此,M_0 点附近,当 $|\Delta x|$ 很小时,可用切线段 M_0P 近似代替曲线段 M_0M,称之为局部"以直代曲".

2.6.3 微分的运算法则

函数的微分的表达式 $dy = f'(x)dx$ 以及导数的基本公式与运算法则,可得到微分的基本公式和运算法则.

1)微分的基本公式

$(1)d(C) = 0(C$ 为常数$)$

$(2)d(x^a) = \alpha x^{a-1}dx$

$(3)d(a^x) = a^x \ln a dx$

$(4)d(\log_a x) = \dfrac{1}{x \ln a}dx$

特别 $d(e^x) = e^x dx$

特别 $d(\ln x) = \dfrac{1}{x}dx$

$(5)d(\sin x) = \cos x dx;$

$(6)d(\cos x) = -\sin x dx$

$(7)d(\tan x) = \dfrac{1}{\cos^2 x}dx = \sec^2 x dx$

$(8)d(\cot x) = -\dfrac{1}{\sin^2 x}dx = -\csc^2 x dx$

$(9)d(\sec x) = \sec x \tan x dx$

$(10)d(\csc x) = -\csc x \cot x dx$

$(11)d(\arcsin x) = \dfrac{1}{\sqrt{1-x^2}}dx$

$(12)d(\arccos x) = -\dfrac{1}{\sqrt{1-x^2}}dx$

$(13)d(\arctan x) = \dfrac{1}{1+x^2}dx$

$(14)d(\text{arccot} x) = -\dfrac{1}{1+x^2}dx$

2)函数的和、差、积、商的微分法则

设函数 $u = u(x)$ 和 $v = v(x)$ 在 x 处可微,C 为常数,则

$(1)d(u \pm v) = du \pm dv$

$(2)d(uv) = vdu + udv$

$(3)d(Cu) = Cdu$

$(4)d(\dfrac{u}{v}) = \dfrac{vdu - udv}{v^2}$

3)复合函数的微分法则

设函数 $y = f(u)$ 在 u 处可微,则

当 u 是自变量时,函数 $y = f(u)$ 的微分为 $dy = f'(u)du$.

当 u 不是自变量,而是另一变量 x 的可微函数 $u = \varphi(x)$,则由复合函数的求导法则可得复合函数 $y = f[\varphi(x)]$ 的微分为

$$dy = y'_x dx = f'(u)\varphi'(x)dx$$

由于 $\varphi'(x)dx = du$,于是

$$dy = f'(u)du$$

由此可见,不论 u 是自变量还是中间变量,函数 $y = f(u)$ 的微分总可保持同一形式 $dy = f'(u)du$,这个性质称为一阶微分形式的不变性.利用这个性质容易求得复合函数的微分.

例 4 设函数 $y = \sin(1-2x)$,求 dy.

解

$$dy = d\sin(1-2x) = \cos(1-2x)d(1-2x) = -2\cos(1-2x)dx$$

例 5 设 $y = xe^{-x}$,求 dy.

解

$$dy = e^{-x}dx + xde^{-x} = e^{-x}dx + xe^{-x}d(-x)$$
$$= e^{-x}dx - xe^{-x}dx = e^{-x}(1-x)dx$$

例 6 求由方程 $x^2 + 2xy - 3y^2 = e$ 确定的函数 $y = y(x)$ 的微分 dy 与导数 $\dfrac{dy}{dx}$.

解 对方程两边同时求微分,得

$$2xdx + 2(ydx + xdy) - 6ydy = 0$$

所以

$$dy = \frac{y+x}{3y-x}dx$$

$$\frac{dy}{dx} = \frac{y+x}{3y-x}$$

2.6.4 微分在近似计算中的应用

由微分的定义可知,若函数 $y = f(x)$ 在点 $x = x_0$ 处有导数 $f'(x_0) \neq 0$,当 $|\Delta x| \to 0$ 时,则

$$\Delta y \approx dy$$

即

$$f(x_0 + \Delta x) - f(x_0) \approx f'(x_0) \cdot \Delta x$$

所以

$$f(x_0 + \Delta x) \approx f(x_0) + f'(x_0) \cdot \Delta x$$

令 $x = x_0 + \Delta x$,即 $\Delta x = x - x_0$,则

$$f(x) \approx f(x_0) + f'(x_0)(x - x_0)$$

特别地,当 $x_0 = 0$,$|x|$ 很小时,有

$$f(x) \approx f(0) + f'(0)x$$

进而可推得一些常用的近似公式(证明从略).当 $|x|$ 很小时,有

① $\sqrt[n]{1+x} \approx 1 + \dfrac{1}{n}x$

② $e^x \approx 1 + x$

③$\ln(1+x)\approx x$

④$\sin x\approx x$　（x 用弧度作单位）

⑤$\tan x\approx x$　（x 用弧度作单位）

⑥$\arcsin x\approx x$

例 7　半径为 10cm 的金属圆片加热后，半径伸长了 0.05cm，问圆片的面积约增加了多少？（精确到 0.01）

解　设金属圆片的面积为 S，半径为 r，则确定的面积函数为

$$S=\pi r^2$$

此时 $r_0=10,\Delta r=0.05,|\Delta r|$ 相对于 r_0 是很小的，则

$$\Delta S\approx 2\pi r_0\Delta r\Big|_{\substack{r_0=10\\\Delta r=0.05}}=2\pi\times 10\times 0.05=\pi\approx 3.14(\mathrm{cm}^2)$$

即金属圆片的面积约增大了 3.14cm²

例 8　某工厂每周生产 x 件产品，能获利 p 元，$p=6\sqrt{100x-x^2}$. 当每周产量由 10 件增加到 11 件时，求获利增加的近似值.

解　由题意可知，产量 x 由 10 件增至 11 件时，利润 p 增加为 Δp，故有

$$\Delta p\approx \mathrm{d}p=p'\mathrm{d}x$$

$$p'=\frac{6(100-2x)}{2\sqrt{100x-x^2}}=\frac{6(50-x)}{\sqrt{100x-x^2}}$$

当 $x_0=10,\Delta x=\mathrm{d}x=1$ 时，则

$$\mathrm{d}p=\frac{6(50-10)}{\sqrt{100\times 10-10^2}}\times 1=8(元)$$

即每周产量由 10 件增至 11 件时，获得利润约增加 8 元.

例 9　计算 $\sqrt[4]{1.01}$ 的近似值.

解法一　设 $f(x)=\sqrt[4]{x}$，则

$$f'(x)=\frac{1}{4}x^{-\frac{3}{4}}$$

令　　　　　　　　　$x_0=1,\Delta x=0.01$

由　　　　　$f(x_0+\Delta x)\approx f(x_0)+f'(x_0)\cdot\Delta x$

得

$$\sqrt[4]{1.01}=\sqrt[4]{1+0.01}\approx\sqrt[4]{1}+f'(1)\times 0.01=1.0025$$

解法二　令 $x=0.01$，因 x 很小，由近似计算公式 $\sqrt[n]{1+x}\approx 1+\frac{1}{n}x$，得

$$\sqrt[4]{1.01}=\sqrt[4]{1+0.01}\approx 1+\frac{1}{4}\times 0.01=1.0025$$

思　如何用近似公式 $\sqrt[n]{1+x}\approx 1+\frac{1}{n}x$ 计算 $\sqrt{16.1}$ 的近似值？

同步练习 2.6

1.求下列函数的微分:

(1)$y=e^x+3x^2$

(2)$y=\sqrt{2-x}+\ln 2x$

(3)$y=x^2\cos x$

(4)$y=\ln\tan\dfrac{x}{2}$

(5)$y=e^{\sin 2x}$

(6)$y=\dfrac{1+x}{1-x}$

2.求由下列方程所确定的隐函数 $y=f(x)$ 的微分:

(1)$\dfrac{x^2}{a^2}+\dfrac{y^2}{b^2}=1$

(2)$y=xe^y$

3.计算下式的近似值:

(1)$\sqrt[4]{15.8}$

(2)$\ln 0.98$

4.测得一个正方体的棱长为 2m,已知测量时有不超过 0.01m 的误差,问计算出的体积的误差大概是多少?

阅读资料二

导数的历史沿革

大约在 1629 年,法国数学家费马研究了作曲线的切线和求函数极值的方法;约 1637 年,他写了一篇手稿——《求最大值与最小值的方法》.在作切线时,他构造了差分 $f(A+E)-f(A)$,发现的因子 E 就是我们所说的导数 $f'(A)$.

17 世纪,生产力的发展推动了自然科学和技术的发展,在前人创造性研究的基础上,大数学家牛顿、莱布尼茨等从不同的角度开始系统地研究微积分.牛顿的微积分理论被称为"流数术",他称变量为流量,称变量的变化率为流数,相当于我们所说的导数.牛顿的有关"流数术"的主要著作是《求曲边形面积》、《运用无穷多项方程的计算法》和《流数术和无穷级数》,流数理论的实质概括:其重点在于一个变量的函数而不在于多变量的方程;在于函数的变化与自变量的变化的比的构成;最后在于决定这个比当自变量的变化趋于零时的极限.

1750 年,达朗贝尔在为法国科学院出版的《百科全书》第四版写的"微分"条目中提出了关于导数的一种观点,可以用现代符号简单表示:$\dfrac{\mathrm{d}y}{\mathrm{d}x}=\lim\limits_{\Delta x\to 0}\dfrac{\Delta y}{\Delta x}$.

1823 年,柯西在他的《无穷小分析概论》中定义导数:如果函数 $y=f(x)$ 在变量 x 的两个给定的界限之间保持连续,并且我们为这样的变量指定一个包含在这两个不同界限之间的值,那么是使变量得到一个无穷小增量.19 世纪 60 年代以后,魏尔斯特拉斯创造了 $\varepsilon-\delta$ 语言,对微积分中出现的各种类型的极限重加表达.导数的定义也就获得了今天常见的形式.

微积分学理论基础,大体可以分为两个部分:一个是实无限理论,即无限是一个具体的东西,一种真实的存在;另一个是潜无限,指一种意识形态上的过程,比如无限接近.就数学历史来看,两种理论都有一定的道理.其中实无限用了150年,后来极限论就是现在所使用的.

本章小结

1) 本章知识结构

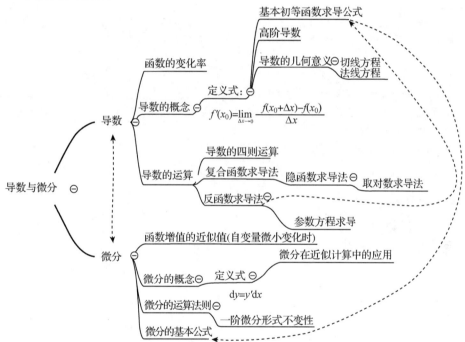

2) 本章重点和难点

(1) 重点

① 导数的概念;

② 求导法则;

③ 微分公式.

(2) 难点

① 导数与微分的定义;

② 导数的几何意义;

③ 复合函数求导法;

④ 隐函数求导法和取对数求导法.

自测题

（A 组）

一、判断正误（对的打"√"，错的打"×"）

1. 若函数 $f(x)$ 在点 x_0 处不可导，则该函数在点 x_0 处不连续. （　）

2. 若函数在点 x_0 处不连续，则该函数在点 x_0 处不可导. （　）

3. 函数 $f(x)$ 在点 x_0 处可微，则该函数在点 x_0 处一定连续. （　）

4. 函数 $f(x)$ 在点 x_0 处连续，则该函数在点 x_0 处可微. （　）

5. 函数 $f(x)$ 在点 x_0 处可微，一定有函数的增量大于函数的微分，即 $\Delta y > \mathrm{d}y$. （　）

二、选择题

1. 函数 $y = f(x)$ 在点 x_0 处可导，且 $f'(x_0) = 1$，则曲线 $y = f(x)$ 在点 $(x_0, f(x_0))$ 处的切线的倾斜角为（　）．

A. 0 　　　　　B. $\dfrac{\pi}{4}$ 　　　　　C. $\dfrac{\pi}{2}$ 　　　　　D. π

2. 函数 $y = |x+1|$ 在 $x = -1$ 处（　）．

A. 无极限 　　　B. 连续 　　　C. 可导 　　　D. 可微

3. 下列各式正确的是（　）．

A. $\sin x \mathrm{d}x = \mathrm{d}\cos x$ 　　　　　　　B. $x \mathrm{d}x = \mathrm{d}x^2$

C. $\ln x \mathrm{d}x = \mathrm{d}(\dfrac{1}{x})$ 　　　　　　　D. $4\mathrm{d}x = \mathrm{d}(4x)$

4. 设函数 $y = 2^{\sin x}$，则 $y' = （　）$．

A. $2^{\sin x} \ln 2$ 　　B. $2^{\sin x} \cos x$ 　　C. $2^{\sin x - 1}$ 　　D. $2^{\sin x} \ln 2 \cdot \cos x$

5. 若 $f'(x_0) = -3$，则 $\lim\limits_{h \to 0} \dfrac{f(x_0 + h) - f(x_0 - 3h)}{h} = （　）$．

A. -12 　　　B. -6 　　　C. -3 　　　D. 3

6. 已知函数 $f(x) = \begin{cases} e^x & x < 0 \\ 1 + x & x \geqslant 0 \end{cases}$ 则在 $x = 0$ 处（　）．

A. 间断 　　　B. 连续但不可导 　　C. $f'(0) = -1$ 　　D. $f'(0) = 1$

7. 函数 $f(x) = \begin{cases} x & x < 0 \\ xe^x & x \geqslant 0 \end{cases}$ 在 $x = 0$ 处（　）．

A. 连续不可导 　　B. 连接且可导 　　C. 不连接也不可导 　　D. 以上均不是

三、填空题

1. 设 $y = e^{5x}$，则 $y'\big|_{x=0} = $ _____ ．

2. 设函数 $y = \ln(\sin x) + \sin \dfrac{\pi}{4}$，则 $\mathrm{d}y = $ _____ ．

3. 设 $f(\dfrac{1}{x}) = x$，则 $f'(x) = $ _____ ．

4. 作变速直线运动物体的运动方程为 $s(t) = 3t^2 - 2t$，则其运动速度为 $v(t) = $ _____ ，加速度为 $a(t) = $ _____ ．

5. 方程式 $e^y + xy = e$ 确定 y 是 x 的函数，则导数值 $\dfrac{\mathrm{d}y}{\mathrm{d}x}\big|_{(0,1)} = $ _____ ．

6. 设 $y = x^n$，则 $y^{(n)} = $ _____．

四、计算题

1. 求下列函数的导数：

(1) $y = x^a + a^x + a^a$

(2) $y = \sqrt{3x} + \sqrt[3]{x} - \dfrac{1}{x}$

(3) $y = \dfrac{1 + x^2}{1 - x^2}$

(4) $y = x\sin x + \cos x$

(5) $y = x\tan x \ln x$

(6) $y = \dfrac{1 - \ln x}{1 + \ln x}$

(7) $y = (2x^2 + 3)^3$

(8) $y = \ln(\cot x)$

2. 求由下列方程确定的隐函数 $y = f(x)$ 的导数：

(1) $y = 1 + xe^y$

(2) $y = \tan(x + y)$

3. 求下列函数的微分

(1) $y = \ln(1 + 3^{-x})$，求 $\mathrm{d}y$；

(2) $y = \sqrt[3]{x^2 - 2x}$，求 $\mathrm{d}y$；

五、解答题

1. 设曲线 $y = x^3$

(1) 求曲线上点 P，使 P 点处的切线与直线 $y = 3x - 2$ 平行；

(2) 求曲线上点 Q，使 Q 点处的切线与直线 $x + 12y - 6 = 0$ 垂直．

2. 试讨论函数 $f(x) = \begin{cases} x^2 \sin \dfrac{1}{x} & x \neq 0 \\ 0 & x = 0 \end{cases}$ 在 $x = 0$ 处的连续性与可导性．

3. 试确定 a, b 的值，使 $f(x) = \begin{cases} x^2 & x \leqslant 1 \\ ax + b & x > 1 \end{cases}$ 在 $x = 1$ 点处可导．

4. 求 $\sqrt[3]{63}$ 的近似值．

（B 组）

一、选择题

1. 若函数 $f(x)$ 在点 x_0 处不可导，则 $f(x)$ 在点 x_0 处（　　）．

A. 必不连续　　　　B. 可能连续　　　　C. 一定连续　　　　D. 极限不存在

2. 设 $y = x(x-1)(x-2)(x-3)$，则 $y'(0) = $（　　）．

A. 0　　　　　　　　B. -3　　　　　　C. 3　　　　　　　D. -5

3. 函数 $y = x^2 + x$ 上点 M 处的切线的斜率为 1，则点 M 的坐标为（　　）．

A. $(0, 1)$　　　　　B. $(1, 2)$　　　　　C. $(0, 0)$　　　　　D. $(1, 0)$

4. 若函数 $f(x)$ 在 $x = 0$ 处的导数存在，则下列各式所示的极限存在的是（　　）．

A. $\lim\limits_{\Delta x \to 0} \dfrac{f(-\Delta x) - f(0)}{-\Delta x}$

B. $\lim\limits_{\Delta x \to 0^-} \dfrac{f(-\Delta x) - f(0)}{-\Delta x}$

C. $\lim\limits_{\Delta x \to 0^+} \dfrac{f(-\Delta x) - f(0)}{-\Delta x}$

D. $\lim\limits_{\Delta x \to 0^+} \dfrac{f(-\Delta x) - f(0)}{\Delta x}$

5. 设 $f(x) = e^{\sqrt{x}}$，则 $\lim\limits_{x \to 1} \dfrac{f(x) - f(1)}{x - 1} = $（　　）．

A. $\dfrac{1}{2} e$　　　　　　B. $\dfrac{1}{2}$　　　　　　C. $e^{\frac{1}{2}}$　　　　　　D. $e^{\sqrt{2}}$

6. 设函数 $f(x)=\begin{cases} x^2 & x\leqslant 1 \\ ax+b & x>1 \end{cases}$ 在 $x=1$ 处可导,则 a,b 的值为( ).

A. $a=1,b=0$ B. $a=2,b=-1$ C. $a=\dfrac{1}{2},b=\dfrac{1}{2}$ D. $a=1,b=1$

7. 设函数 $y=f(u)$ 可导,且 $u=e^x$,则下列等式不正确的是( ).

A. $\mathrm{d}y=f'(e^x)\mathrm{d}x$ B. $\mathrm{d}y=f'(e^x)\mathrm{d}e^x$ C. $\mathrm{d}y=f'(e^x)e^x\mathrm{d}x$ D. $\dfrac{\mathrm{d}y}{\mathrm{d}x}=f'(e^x)e^x$

二、填空题

1. 设函数 $f(x)=\ln x+2$,则 $\lim\limits_{\Delta x\to 0}\dfrac{f(x+\Delta x)-f(x)}{\Delta x}=$ _____.

2. 设函数曲线方程为 $y=x^3+2x$ 在 _____ 处的切线方程与直线 $5x-y+3=0$ 平行.

3. 若 $y=\sqrt{\ln x}$,则 $\mathrm{d}y=$ _____.

4. 设 $f'(x_0)$ 存在,则 $\lim\limits_{h\to 0}\dfrac{f(x_0+2h)-f(x_0)}{3h}=$ _____.

5. 设 $f(x)=\ln x^3+e^{3x}$,则 $f'(1)=$ _____.

6. 设 $\begin{cases} x=t^2+t-2 \\ y=2-t^2 \end{cases}$,则 $\dfrac{\mathrm{d}y}{\mathrm{d}x}\Big|_{t=1}=$ _____.

三、计算题

1. 求下列函数的导数:

(1) $y=\dfrac{x^2\cdot\sqrt[3]{x^2}}{\sqrt{x^5}}$ (2) $y=(x^3-x)^6$

(3) $y=\ln(1+3^{-x})$ (4) $y=\ln[\ln(\ln x)]$

(5) $2y-x=\sin y$ (6) $y=\dfrac{e^x-e^{-x}}{e^x+e^{-x}}$

2. 求下列函数的微分 $\mathrm{d}y$:

(1) $y=\cos^2 x^2$ (2) $y=\ln(\sqrt{x^2+a^2}-x)$

(3) $y=x+\ln y$

四、解答题

1. 假设给某气球充气,在充气膨胀的过程中,我们均近似认为气球保持球形形状:

(1) 当气球半径为 10cm 时,其体积以什么样的变化率膨胀?

(2) 试估算当气球半径由 10cm 膨胀到 11cm 时气球增长的体积数.

2. 已知 $y=e^x\sin x$,验证 $y''-2y'+2y=0$.

第三章 导数的应用

学习目标

【知识目标】

(1)了解罗尔定理与拉格朗日中值定理.

(2)掌握洛必达法则.

(3)理解函数极值的概念,掌握用导数判断函数的单调性的方法,掌握函数的极值、最值的求法.

(4)掌握求函数凹凸区间和拐点的方法;理解渐近线的定义;了解函数图形描绘.

(5)了解导数在实际问题中的应用.

【技能目标】

(1)能用洛必达法则求不定式极限.

(2)熟练求函数的单调区间、极值和最值.

(3)会求函数的凹凸区间和拐点.

(4)会求曲线的渐近线,会描绘函数的图形.

在第二章中,我们介绍了微分学的两个重要概念——导数与微分.本章以微分中值定理为基础,进一步介绍利用导数研究函数的性态,例如,用导数求不定式极限,判断函数的单调性和凹凸性,求函数的极值与最值以及函数作图的方法,最后还讨论了导数在一些实际问题中的应用.

3.1 微分中值定理

3.1.1 罗尔定理

[定理1](罗尔定理) 若 $y=f(x)$ 满足如下三个条件:

① 在闭区间 $[a,b]$ 上连续;

② 在开区间 (a,b) 内可导;

③ $f(a)=f(b)$.

则至少存在一点 $\xi\in(a,b)$,使得 $f'(\xi)=0$.

注 定理中的三个条件缺一不可,否则定理不一定成立,即定理中的条件是充分的,但非必要.例如,函数 $y=x^2$ 在闭区间 $[1,2]$ 上连续,在开区间 $(1,2)$ 内可导,但 $f(1)\neq f(2)$,在区间 $(1,2)$ 内任意一点 x,均有 $f'(x)=2x\neq0$.

证明从略.

罗尔定理的几何意义:若函数 $y=f(x)$ 满足定理的条件,则其图像在区间 (a,b) 上对应的曲线弧 $\overarc{AB}$ 上一定存在一点具有水平切线(图 3-1).

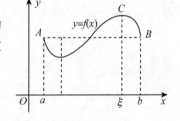

图 3-1

3.1.2 拉格朗日中值定理

[定理2](拉格朗日中值定理) 若函数 $y=f(x)$ 在 $[a,b]$ 上连续,在 (a,b) 内可导,则至少存在一点 $\xi\in(a,b)$,使得

$$f(b)-f(a)=f'(\xi)(b-a)$$

证明从略.

如图 3-2 所示,连结曲线弧 $\overarc{AB}$ 两端的弦 $\overline{AB}$,其斜率为 $\dfrac{f(b)-f(a)}{b-a}$.因此,拉格朗日中值定理的几何意义:满足定理条件的曲线弧 $\overarc{AB}$ 上一定存在一点具有平行于弦 $\overline{AB}$ 的切线.

显然,罗尔定理是拉格朗日中值定理的特殊情形.

■**推论** 若函数 $y=f(x)$ 在区间 I 上的导数恒为

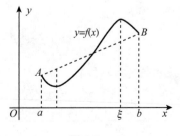

图 3-2

零,则 $y=f(x)$ 在区间 I 上为一常数.

    证明   任取 $x_1,x_2\in I$,且 $x_1<x_2$,$f(x)$ 在 $[x_1,x_2]$ 上连续,在 (x_1,x_2) 内可导,由定理 2 得

$$f(x_1)-f(x_2)=f'(\xi)(x_1-x_2)\quad\xi\in(a,b)$$

由于 $f'(\xi)=0$,故 $f(x_1)=f(x_2)$. 由 x_1,x_2 的任意性可知,函数 $y=f(x)$ 在区间 I 上为一常数.

    我们知道"常数的导数为零",推论 1 就是其逆命题. 由推论 1 即可得以下结论.

    ■**推论**   函数 $f(x),g(x)$ 在区间 I 可导,若对任意 $x\in I$,$f'(x)=g'(x)$,则

$$f(x)=g(x)+C\quad(C\text{ 为常数})$$

    例 1   验证函数 $f(x)=2x^2$ 在 $[1,2]$ 上是否满足拉格朗日公式;若满足,求出适合定理的 ξ 值.

    解   因为 $f'(x)=4x$,所以 $f'(\xi)=4\xi$,又由 $f(x)$ 在 $[1,2]$ 上连续,在 $(1,2)$ 内可导,且 $f'(x)=4x$,所以 $f(x)=2x^2$ 在 $[1,2]$ 上满足拉格朗日中值定理. 由拉格朗日中值定理得

$$f(2)-f(1)=f'(\xi)(2-1)$$

即

$$2\cdot 2^2-2\cdot 1^2=4\xi\cdot(2-1)$$

解得

$$\xi=\frac{3}{2}$$

    例 2   设函数 $f(x)=x(x-2)(x-4)(x-6)$,不求导数,判断方程 $f'(x)=0$ 在 $(-\infty,+\infty)$ 内有几个实根,并指出它们所属区间.

    解   因为 $f(0)=f(2)=f(4)=f(6)=0$,所以 $f(x)$ 在区间 $[0,2]$,$[2,4]$,$[4,6]$ 上满足罗尔定理的条件. 故有 $\xi_1\in(0,2)$,$\xi_2\in(2,4)$,$\xi_3\in(4,6)$,使 $f'(\xi_1)=0$,$f'(\xi_2)=0$,$f'(\xi_3)=0$

    又因为 $f'(x)$ 是三次多项式,最多只有三个实根,故 $f'(x)=0$ 在 $(-\infty,+\infty)$ 内恰好有三个实根,分别属于区间 $(0,2)$,$(2,4)$,$(4,6)$.

    例 3   证明 $x>0$ 时,$\dfrac{x}{1+x}<\ln(1+x)<x$

    证明   设 $f(x)=\ln(1+x)$,则 $f(x)$ 在 $[0,x]$ 上满足拉格朗日中值定理的条件,于是有

$$f(x)-f(0)=f'(\xi)(x-0)(0<\xi<x).$$

由于 $f(0)=0$,$f'(x)=\dfrac{1}{1+x}$,代入上式得

$$\ln(1+x)-0=\frac{1}{1+\xi}\cdot x$$

即

$$\ln(1+x)=\frac{x}{1+\xi}$$

又 $0<\xi<x$,所以 $1<1+\xi<1+x$,故

$$\frac{1}{1+x}<\frac{1}{1+\xi}<1$$

从而 $x>0$ 时,则有

$$\frac{x}{1+x}<\frac{x}{1+\xi}<x$$

即

$$\frac{x}{1+x}<\ln(1+x)<x$$

*3.1.3 柯西中值定理

[定理3] 若函数 $f(x),F(x)$ 在 $[a,b]$ 上连续,在 (a,b) 内可导,且 $f'(x)\neq0$,则至少存在一点 $\xi\in(a,b)$,使得

$$\frac{f(b)-f(a)}{F(b)-F(a)}=\frac{f'(\xi)}{f'(\xi)}$$

证明从略.

柯西中值定理有着与前两个中值定理相类似的几何意义.在参数方程 $\begin{cases}X=F(x)\\Y=f(x)\end{cases}(a<x<b)$ 表示的曲线上,弦 $\overline{AB}$ 的斜率为 $\dfrac{f(b)-f(a)}{F(b)-F(a)}$,曲线上点 (X,Y) 处的切线的斜率为 $\dfrac{\mathrm{d}y}{\mathrm{d}X}=\dfrac{f'(x)}{f'(x)}$,当 $x=\xi$ 时,点 C 处的切线平行于弦 $\overline{AB}$(图 3-3).

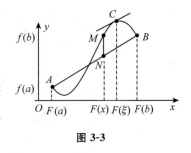

图 3-3

显然,若取 $F(x)\equiv x$,则定理 3 成为定理 2,因此定理 3 是定理 1 和 2 的推广,它是这三个中值定理中最一般的形式.

例4 设函数 $f(x)$ 在 $[a,b](a,b>0)$ 上连续,在 (a,b) 内可导,证明则至少存在一点 $\xi\in(a,b)$,使得

$$f(b)-f(a)=\xi f'(\xi)\ln\frac{b}{a}$$

解 设 $g(x)=\ln x$,显然它在 $[a,b](a,b>0)$ 上与 $f(x)$ 同时满足柯西中值定理的条件,于是存在 $\xi\in(a,b)$,使得

$$\frac{f(b)-f(a)}{\ln b-\ln a}=\frac{f'(\xi)}{\dfrac{1}{\xi}}$$

整理得

$$f(b)-f(a)=\xi f'(\xi)\ln\frac{b}{a}$$

同步练习 3.1

1.判断函数 $f(x)=\ln x$ 在 $[1,e]$ 上是否满足罗尔定理的条件？若满足,求出使定理成立的 ξ 的值.

2.判断函数 $f(x)=\sqrt{x}$ 在 $[1,9]$ 上是否满足拉格朗日定理的条件？若满足,求出使定理成立的 ξ 的值.

3.不求函数 $f(x)=x(x+1)(x-2)$ 的导数,说明 $f'(x)=0$ 有几个实根.

3.2 洛必达法则

3.2.1 "$\dfrac{0}{0}$"型和"$\dfrac{\infty}{\infty}$"型不定式

我们在第一章学习无穷小量阶的比较时,已经遇到过两个无穷小量之比的极限.由于这种极限可能存在,也可能不存在,这类极限通常称为不定式(或未定式)极限,记为"$\dfrac{0}{0}$"型不定式极限.类似地还有"$\dfrac{\infty}{\infty}$"等其他类型的不定式极限,计算不定式的极限往往需要经过适当的变形,转化成可利用极限运算法则或重要极限公式进行计算的形式.本节将用导数作为工具,给出计算不定式极限的一般方法,即洛必达法则.

[**定理 4**](洛必达法则)　设函数 $f(x),g(x)$ 满足

① $\lim\limits_{x\to x_0}f(x)=0$,$\lim\limits_{x\to x_0}g(x)=0$;

②在点 x_0 的某去心邻域内可导,且 $g'(x)\neq 0$;

③ $\lim\limits_{x\to x_0}\dfrac{f'(x)}{g'(x)}$ 存在(或为 ∞).

则

$$\lim_{x\to x_0}\frac{f(x)}{g(x)}=\lim_{x\to x_0}\frac{f'(x)}{g'(x)}$$

以上所述中的 $x\to x_0$ 可换成 $x\to x_0^-$ 或 $x\to x_0^+$ 或 $x\to -\infty$ 或 $x\to +\infty$ 或 $x\to\infty$.

🛈　上述定理对 $x\to\infty$ 时的"$\dfrac{0}{0}$"未定型同样适用,对于 $x\to x_0$ 或 $x\to\infty$ 是的未定型"$\dfrac{\infty}{\infty}$",洛必达法则也适用.

公式说明,在一定条件下,可将两个函数比的极限化为这两个函数导数比的极限.当导数比的极限仍是不定式,且满足定理中的条件,则可继续使用洛必达法则,即

$$\lim\frac{f(x)}{g(x)}=\lim\frac{f'(x)}{g'(x)}=\lim\frac{f''(x)}{g''(x)}$$

直到它不再是不定式或不满足定理 4 的条件为止.

例 1 求 $\lim\limits_{x\to 2}\dfrac{x^3-12x+16}{x^3-2x^2-4x+8}$.

解

$$\lim_{x\to 2}\frac{x^3-12x+16}{x^3-2x^2-4x+8}=\lim_{x\to 2}\frac{3x^2-12}{3x^2-4x-4}=\lim_{x\to 2}\frac{6x}{6x-4}=\frac{3}{2}$$

注 使用洛必达法则时要注意验证定理条件,不可妄用,否则会导致错误结果. 例如,$\lim\limits_{x\to 2}\dfrac{6x}{6x-4}$ 已不是不定式,故不能再使用洛必达法则.

例 2 求 $\lim\limits_{x\to 0}\dfrac{x-\sin x}{x^3}$.

解

$$\lim_{x\to 0}\frac{x-\sin x}{x^3}=\lim_{x\to 0}\frac{1-\cos x}{3x^2}=\lim_{x\to 0}\frac{\sin x}{6x}=\frac{1}{6}$$

例 3 求 $\lim\limits_{x\to +\infty}\dfrac{\ln x}{x^n}(n\in N)$.

解

$$\lim_{x\to +\infty}\frac{\ln x}{x^n}=\lim_{x\to +\infty}\frac{\dfrac{1}{x}}{nx^{n-1}}=\lim_{x\to +\infty}\frac{1}{nx^n}=0$$

例 4 求 $\lim\limits_{x\to +\infty}\dfrac{x^n}{e^x}(n\in N)$.

解

$$\lim_{x\to +\infty}\frac{x^n}{e^x}=\lim_{x\to +\infty}\frac{nx^{n-1}}{e^x}=\lim_{x\to +\infty}\frac{n(n-1)x^{n-2}}{e^x}=\cdots=\lim_{x\to +\infty}\frac{n!}{e^x}=0$$

从例 3 及例 4 可知,当 x 增大时幂函数比对数函数增大的速度快,而指数函数又比幂函数增大的速度快.

*例 5 求 $\lim\limits_{x\to +\infty}\dfrac{\dfrac{\pi}{2}-\arctan x}{\dfrac{1}{x}}$.

解

$$\lim_{x\to +\infty}\frac{\dfrac{\pi}{2}-\arctan x}{\dfrac{1}{x}}=\lim_{x\to +\infty}\frac{-\dfrac{1}{1+x^2}}{-\dfrac{1}{x^2}}=\lim_{x\to +\infty}\frac{x^2}{1+x^2}=1$$

3.2.2 其他类型不定式

对于其他类型的不定式极限,例如,"$0\cdot\infty$","$\infty-\infty$","0^0","1^∞"和"∞^0"型等,其中约定用"1"表示为以 1 为极限的函数,处理的总原则是先设法将其转化为

"$\dfrac{0}{0}$"或"$\dfrac{\infty}{\infty}$"型,再应用洛必达法则.

例 6 求 $\lim\limits_{x\to 0^+} x^2 \ln x$

解

$$\lim_{x\to 0^+} x^2 \ln x = \lim_{x\to 0^+} \frac{\ln x}{x^{-2}} = \lim_{x\to 0^+} \frac{\frac{1}{x}}{-2x^{-3}} = -\frac{1}{2}\lim_{x\to 0^+} x^2 = 0$$

例 7 求 $\lim\limits_{x\to \frac{\pi}{2}}(\sec x - \tan x)$.

解

$$\lim_{x\to \frac{\pi}{2}}(\sec x - \tan x) = \lim_{x\to \frac{\pi}{2}} \frac{1-\sin x}{\cos x} = \lim_{x\to \frac{\pi}{2}} \frac{-\cos x}{-\sin x} = \lim_{x\to \frac{\pi}{2}} \cot x = 0$$

洛必达法则是求不定式的一种有效方法,但不是万能的. 当 $\lim \dfrac{f'(x)}{g'(x)}$ 不存在 (不包括 ∞ 的情形)时,并不能断定 $\lim \dfrac{f(x)}{g(x)}$ 也不存在,例如,求极限 $\lim\limits_{x\to \infty} \dfrac{x+\sin x}{x-\sin x}$,虽 然 $\lim\limits_{x\to \infty} \dfrac{(x+\sin x)'}{(x-\sin x)'} = \lim\limits_{x\to \infty} \dfrac{1+\cos x}{1-\cos x}$ 不存在,但是极限 $\lim\limits_{x\to \infty} \dfrac{x+\sin x}{x-\sin x} = \lim\limits_{x\to \infty} \dfrac{1+\dfrac{\sin x}{x}}{1-\dfrac{\sin x}{x}} = 1$ 存在.

注 在使用洛必达法则时,应注意以下 3 点:

①每次使用法则前,必须检查是否属于"$\dfrac{0}{0}$"或"$\dfrac{\infty}{\infty}$"不定型,若不是,就不能使用该法则;

②如果有可约因子,或有非零极限值的乘积因子,则可先约去或提出,以简化演算步骤;

③若可以利用等价无穷小替换,应尽可能应用,这样可以使运算简捷.

例 8 求 $\lim\limits_{x\to 0} \dfrac{x-\tan x}{x^2 \cdot \sin x}$.

解 先进行等价无穷小的替换,由 $\sin x \sim x(x\to 0)$,则有

$$\lim_{x\to 0} \frac{x-\tan x}{x^2 \cdot \sin x} = \lim_{x\to 0} \frac{x-\tan x}{x^3} = \lim_{x\to 0} \frac{1-\sec^2 x}{3x^2}$$

$$= \lim_{x\to 0} \frac{-2\sec^2 x \cdot \tan x}{6x}$$

$$= -\frac{1}{3}\lim_{x\to 0} \frac{1}{\cos^2 x} \cdot \lim_{x\to 0} \frac{\tan x}{x}$$

$$= -\frac{1}{3}\lim_{x\to 0} \frac{\tan x}{x} = -\frac{1}{3}$$

* **例 9** 求 $\lim\limits_{x\to 0^+} x^x$.

解 这是"0^0"型不定式,令 $y=x^x$,两边取对数,得 $\ln y=x\ln x=\dfrac{\ln x}{\dfrac{1}{x}}$,此时 $\ln y$ 的

极限为"$\dfrac{\infty}{\infty}$"型不定式,由洛必达法则,得

$$\lim_{x\to 0^+}\ln y=\lim_{x\to 0^+}\frac{\ln x}{\dfrac{1}{x}}=\lim_{x\to 0^+}\frac{\dfrac{1}{x}}{-\dfrac{1}{x^2}}=-\lim_{x\to 0^+}x=0$$

即

$$\lim_{x\to 0^+}x^x=\lim_{x\to 0^+}y=\lim_{x\to 0^+}e^{\ln y}=e^{\lim\limits_{x\to 0^+}\ln y}=e^0=1$$

同步练习 3.2

1.用洛必达法则求下列极限

(1) $\lim\limits_{x\to 0}\dfrac{\sin ax}{\sin bx}$ $(b\neq 0)$

(2) $\lim\limits_{x\to 0}\dfrac{\tan x}{\tan 3x}$

(3) $\lim\limits_{x\to 0^+}x\ln x$

(4) $\lim\limits_{x\to 0}\dfrac{e^x-e^{-x}-2x}{\sin x}$

(5) $\lim\limits_{x\to 0}\left(\dfrac{1}{x}-\dfrac{1}{e^x-1}\right)$

(6) $\lim\limits_{x\to 1}\left(\dfrac{x}{x-1}-\dfrac{1}{\ln x}\right)$

(7) $\lim\limits_{x\to \frac{\pi}{2}}\dfrac{\ln \sin x}{(\pi-2x)^2}$

(8) $\lim\limits_{x\to +\infty}\dfrac{xe^{\frac{x}{2}}}{x+e^x}$

3.3 函数的单调性与极值

由于中值定理建立了函数在一个区间上的增量与函数在该区间内某点处的导数之间的关系,因此为导数的应用提供了理论依据.本节将利用导数来研究函数及其图形的某些性态.

3.3.1 函数单调性的判定

在第一章中,我们已经介绍了函数在区间上单调的概念.利用单调性的定义来判定函数在区间上的单调性,一般来说是比较困难的.下面从分析单调性的几何特征与导数符号的关系,导出判定单调性的简便法则.我们知道,函数的单调增加或减少,在几何上表现为图形是一条沿 x 轴正向的上升或下降的曲线.容易得知,曲线随 x 的增加而上升时,其切线(如果存在)与 x 轴正向的夹角成锐角,曲线随 x 的增加而下降时,切线与 x 轴正向的夹角为钝角(图 3-4).曲线的升降与曲线切线的斜率密切相关,而曲线切线的斜率可以通过相应函数的导数来表示.综上所述,得出函数单调

性的判别法.

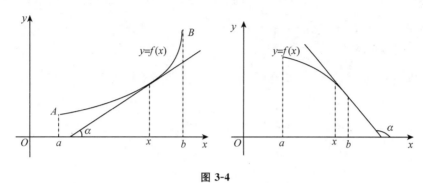

图 3-4

[定理 5] 设函数 $y=f(x)$ 在 $[a,b]$ 上连续,在 (a,b) 内可导.

①若对任意 $x\in(a,b)$, $f'(x)>0$,则 $y=f(x)$ 在 $[a,b]$ 上单调增加;

②若对任意 $x\in(a,b)$, $f'(x)<0$,则 $y=f(x)$ 在 $[a,b]$ 上单调减少.

证明从略.

注 在实际应用中,要注意以下 2 类情况.

①此区间换成开区间,半开半闭区间或无穷区间,结论仍成立.

②$f'(x)$ 在某区间内的有限个点处为零,在其余各处均为正(或负)时,$f(x)$ 在该区间上仍为单调增加(或单调减少)的.

例 1 讨论函数 $y=e^x-x-1$ 的单调性.

解 $y'=e^x-1$,令 $y'=0$,得 $x=0$.

用 $x=0$ 将 $y=e^x-x-1$ 的定义区间 $(-\infty,+\infty)$ 分成两个区间 $(-\infty,0)$ 和 $(0,+\infty)$.

当 $x<0$ 时,$y'<0$,故在 $(-\infty,0)$ 上函数单调减少;当 $x>0$ 时,$y'>0$,故在 $(0,+\infty)$ 上函数单调增加.

例 2 讨论 $y=x^{\frac{2}{3}}$ 的单调性.

解 因 $y'=\dfrac{2}{3}x^{-\frac{1}{3}}=\dfrac{2}{3\sqrt[3]{x}}$,故 $x=0$ 为导数不存在的点.

当 $x>0$ 时,$y'>0$,故 $y=x^{\frac{2}{3}}$ 在 $(0,+\infty)$ 上单调增加;当 $x<0$ 时,$y'<0$,故 $y=x^{\frac{2}{3}}$ 在 $(-\infty,0)$ 上单调减少.

从上述两例可见,对函数 $y=f(x)$ 单调性的讨论,应先求出使导数等于零的点或使导数不存在的点,并用这些点将函数的定义区间划分为若干个子区间,然后逐个判断函数的导数 $f'(x)$ 在各子区间的符号,从而确定出函数 $y=f(x)$ 在各子区间上的单调性,每个使得 $f'(x)$ 的符号保持不变的子区间都是函数 $y=f(x)$ 的单调区间.

例 3 讨论 $y=\dfrac{x^3}{3}-2x^2+4x+1$ 的单调性.

解 $y'=x^2-4x+4=(x-2)^2$,令 $y'=0$ 得 $x=2$

用 $x=2$ 将 $y=\dfrac{x^3}{3}-2x^2+4x+1$ 的定义区间分成 $(-\infty,2)$ 和 $(2,+\infty)$

当 $x\in(-\infty,2)$ 时，$y'>0$，故函数在 $(-\infty,2]$ 上单调增加；当 $x\in(2,+\infty)$ 时，$y'>0$，故函数在 $[2,+\infty)$ 上单调增加．

所以 $y=\dfrac{x^3}{3}-2x^2+4x+1$ 在 $(-\infty,+\infty)$ 上单调函数递增．

例 4 证明 $x>0$ 时，$x>\ln(1+x)$．

证明 令 $f(x)=x-\ln(1+x)$，则 $f(x)$ 在 $[0,+\infty)$ 上连续．又

$$f'(x)=\frac{x}{1+x}>0,x\in(0,+\infty)$$

故 $f(x)$ 在 $[0,+\infty)$ 上单调增加，从而当 $x>0$ 时，有 $f(x)>f(0)=0$
即

$$x>\ln(1+x)\quad x\in(0,+\infty)$$

3.3.2 函数的极值

[定义 1] 设 $f(x)$ 在 x_0 的某邻域内有定义，且对此邻域内任一点 $x(x\neq x_0)$，均有 $f(x)<f(x_0)$（或 $f(x)>f(x_0)$），则称 $f(x)$ 在 x_0 点取得极大值（或极小值）$f(x_0)$，点 x_0 称为极大值（或极小值）点．

由定义可知，极值是局部性概念，是在某一点的邻域内比较函数值的大小而产生的．因此，对于一个定义在 (a,b) 内的函数，极值往往有很多个，且某一点取得的极大值可能会比另一点取得的极小值还要小，如图 3-5 所示．直观上看，函数在取得极值的地方，其切线（如果存在）都是水平的．事实上，我们有下面的定理．

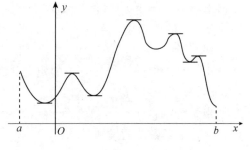

图 3-5

[定理 6]（极值的必要条件） 设函数 $f(x)$ 在某区间 I 内有定义，在该区间内的点 x_0 处取极值，且 $f'(x_0)$ 存在，则必有 $f'(x_0)=0$（证明从略）．

满足 $f'(x)=0$ 的点，称为函数 $y=f(x)$ 的驻点．显然，可导函数的极值点必是驻点．反之，函数的驻点并不一定是极值点．如点 $x=0$ 是函数 $y=x^3$ 的驻点，但不是其极值点．

另外，连续函数在其导数 $f'(x)$ 不存在的点处也可能取到极值，称这样的点为角点．例如，$y=|x|$ 在 $x=0$ 处取极小值，但 $f'(0)$ 不存在．因此，对连续函数来说，驻点和导数不存在的点都有可能是其极值点．于是，推导有如下定理．

[定理 7]（极值的第一充分条件） 设函数 $y=f(x)$ 在点 x_0 的某邻域内可导，且 $f'(x_0)=0$．

①若 $x<x_0$ 时,$f'(x)>0$;$x>x_0$ 时,$f'(x)<0$,则 $f(x)$ 在点 x_0 处取得极大值;

②若 $x<x_0$ 时,$f'(x)<0$;$x>x_0$ 时,$f'(x)>0$,则 $f(x)$ 在点 x_0 处取得极小值;

③若在点 x_0 的邻域内,$f'(x)$ 符号不变,则 $f(x)$ 在点 x_0 处不取极值.

证明从略.

由上述可见,对函数 $y=f(x)$ 极值的讨论可按以下步骤进行:

①确定函数 $f(x)$ 的定义域,并求其导数 $f'(x)$;

②求出 $f(x)$ 的全部驻点及导数不存在的点;

③讨论 $f'(x)$ 在其驻点及尖点左、右两侧邻近符号变化的情况,确定函数的极值点;

④求出各极值点的函数值,就得到函数 $f(x)$ 的全部极值.

例 5 求 $f(x)=x^3-3x^2-9x+5$ 的极值.

解

$$f'(x)=3x^2-6x-9=3(x+1)(x-3)$$

令 $f'(x)=0$,得驻点 $x_1=-1,x_2=3$

当 $x\in(-\infty,-1)$ 时,$f'(x)>0$;当 $x\in(-1,3)$ 时,$f'(x)<0$;当 $x\in(3,+\infty)$ 时,$f'(x)>0$

故得 $f(x)$ 的极大值为 $f(-1)=10$,极小值为 $f(3)=-22$

例 6 求函数 $f(x)=(x-4)\sqrt[3]{(x+1)^2}$ 的极值.

解

$$f'(x)=\frac{5(x-1)}{3\sqrt[3]{x+1}}$$

令 $f'(x)=0$ 得驻点 $x=1$,且函数在点 $x=-1$ 导数不存在.列表如下所示:

x	$(-\infty,-1)$	-1	$(-1,1)$	1	$(1,+\infty)$
$f'(x)$	$+$	不存在	$-$	0	$+$
$f(x)$	↗	极大值 0	↘	极小值 $-3\sqrt[3]{4}$	↗

由上表可见,极大值 $f(-1)=0$,极小值 $f(1)=-3\sqrt[3]{4}$

驻点是否为极值点,用定理 7 来判断时,需要考察 $f'(x)$ 在点 x_0 处左右两侧邻近点的符号,但有时很麻烦,且容易错.下面给出一种比较好用的方法(注意它也有一定的局限性).

[定理 8](极值的第二充分条件) 设函数 $f(x)$ 在点 x_0 处具有二阶导数,且 $f'(x_0)=0$,则

①当 $f''(x_0)<0$ 时,$f(x)$ 在点 x_0 处取得极大值;

②当 $f''(x_0)>0$ 时,$f(x)$ 在点 x_0 处取得极小值;

③当 $f''(x_0)=0$ 时,无法判定 $f(x)$ 在点 x_0 处是否取得极值.

由定理 8 中的③知,$f'(x_0)=f''(x_0)=0$ 时,$f(x)$ 在点 x_0 处可能取得极值,也可能不是极值.例如,$f(x)=x^3$;$f'(0)=f''(0)=0$,$g(x)=x^4$,$g'(0)=g''(0)=0$;

$f(x)=x^3$ 在点 $x=0$ 处不取极值（图 3-6）；而 $g(x)=x^4$ 在点 $x=0$ 处取极小值（图 3-7）．因此当 $f''(x_0)=0$ 时，无法用定理 8 来判别 $f(x)$ 在点 x_0 处是否取得极值，这时只能用定理 7 来判别．

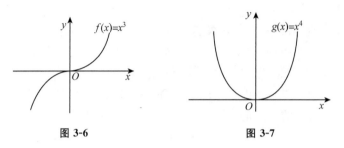

图 3-6   图 3-7

例 7   求 $f(x)=x^3-3x$ 的极值．

解
$$f'(x)=3x^2-3=3(x+1)(x-1), f''(x)=6x$$
令 $f'(x)=0$ 得 $x=\pm 1$

因 $f''(-1)=-6<0$，所以 $f(-1)=2$ 为极大值；因 $f''(1)=6>0$，所以 $f(1)=-2$ 为极小值．

例 8   求函数 $f(x)=(x^2-1)^3+1$ 的极值．

解 $f(x)$ 的定义域为 $(-\infty,+\infty)$，则
$$f'(x)=6x\,(x^2-1)^2, f''(x)=6(x^2-1)(5x^2-1)$$
令 $f'(x)=0$，得驻点 $x_1=-1, x_2=0, x_3=1$

因 $f''(-1)=0$，又由 $x<-1, f'(x)<0; x>-1, f'(x)<0$，故 $x=-1$ 不是极值点．

由 $f''(0)=6>0$，故 $x=0$ 是极小值点，极小值 $f(0)=0$

因 $f''(1)=0$，又由 $x<1, f'(x)>0; x>1, f'(x)>0$，故 $x=1$ 不是极值点．

所以 $f(x)$ 只有极小值 $f(0)=0$

3.3.3   函数的最值

在工农业生产、工程技术及科学实验中经常会遇到这样一些实际问题：在一定条件下，怎样才能"用料最省""成本最低""效益最高"等问题，常常可归结为求某函数的最大值或最小值问题．

我们知道，在闭区间上连续的函数一定有最大值和最小值，这在理论上肯定了最值的存在性，但是怎么求出函数的最值呢？首先，假设函数的最大（小）值在开区间 (a,b) 内取得，那么最大（小）值也一定是函数的极大（小）值．通过对函数的极值分析知道，使函数取得极值的点一定是函数的驻点或尖点．另外，函数的最值也可能在区间端点上取得．因此，我们只需把函数的驻点、尖点及区间端点的函数值一一求出，并加以比较，便可求得函数的最值．所以，求连续函数 $f(x)$ 在闭区间 $[a,b]$ 上最大

(小)值的一般步骤可归结如下：

①求出 $f(x)$ 在 (a,b) 内的全部的驻点及导数不存在的点 $x_1,x_2,\cdots,x_n$；

②求出函数值 $f(x_1),f(x_2),\cdots,f(x_n)$ 以及 $f(a)$ 与 $f(b)$；

③比较上述值的大小.

例 9 求 $f(x)=x^4-8x^2+2$ 在 $[-1,3]$ 上的最大值和最小值.

解 由 $f'(x)=4x(x-2)(x+2)=0$，得驻点 $x_1=0,x_2=2,x_3=-2(x_3\notin[-1,3]$ 舍去).

又 $f(-1)=-5,f(0)=2,f(2)=-14,f(3)=11$

故在 $[-1,3]$ 上，$f(x)$ 的最大值为 $f(3)=11$，$f(x)$ 的最小值为 $f(2)=-14$

有关最大(小)值的应用问题，其关键是建立目标函数. 若 $f(x)$ 在约束集 I 内的驻点唯一，又根据问题的实际意义知 $f(x)$ 的最大(小)值存在，则该驻点即为最大(小)值点，不必另行判定.

例 10 要制造一个容积为 V_0 的带盖圆柱形桶，试问桶的半径 r 和桶高 h 应如何确定，才能使所用材料最省？

解 首先建立目标函数. 要材料最省，就是要使圆桶表面积 S 最小.

由 $V_0=\pi r^2 h$ 得 $h=\dfrac{V_0}{\pi r^2}$，故

$$S=2\pi r^2+2\pi rh=2\pi r^2+\frac{2V_0}{r}\quad(r>0)$$

令

$$S'=4\pi r-\frac{2V_0}{r^2}=0$$

得驻点 $r_0=\sqrt[3]{\dfrac{V_0}{2\pi}}$ 又因在 $(0,+\infty)$ 内 S 只有惟一驻点，故这个驻点也就是要求的最小值点. 从而得到

$$r=\sqrt[3]{\frac{V_0}{2\pi}},h=2\sqrt[3]{\frac{V_0}{2\pi}}=2r$$

此时，圆桶表面积最小，用料最省.

注 像这种高度等于底面直径的圆桶在实际中常被采用，例如，储油罐，化学反应容器，一些包装等.

例 11 如图 3-8 所示，某伐木厂 C 到铁路线 A 处的垂直距离 $CA=20\text{km}$，现需运输木材到 B 处，且 $AB=150\text{km}$，要在 AB 上选一点 D 修建一条直线公路与伐木厂 C 连接. 已知铁路与公路每千米的运费之比为 $3:5$，问 D 应选在何处，方能使运费最省？

解 设 $AD=x$，则 $DB=150-x$，$DC=$

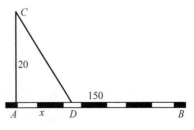

图 3-8

$\sqrt{x^2+20^2}$,设铁路每公里运费为 $3k(k>0)$,则公路上的每公里运费为 $5k$. 于是从 B 到 C 的木材的总运费为

$$y=3k(150-x)+5k\sqrt{x^2+20^2},x\in(0,150)$$

这是目标函数,我们要求其最小值点. 令

$$y'=(-3+\frac{5x}{\sqrt{x^2+400}})k=0$$

得 $x=\pm15$. 在 $(0,150)$ 中 y 只有惟一的驻点 $x=15$

由问题的性质可知在 $x=15$ 处,y 取最小值. 即 D 点应选在距 A 点 15km 处,此时全程运费最省.

同步练习 3.3

1. 判断下列函数的单调性.

(1) $f(x)=x+\dfrac{4}{x}(x>2)$ (2) $f(x)=x^3-3x^2+6x-1$

2. 确定下列函数的单调区间.

(1) $f(x)=x-\sin x$ (2) $f(x)=2x-\ln x$

(3) $f(x)=\sqrt{2x-x^2}$ (4) $f(x)=\dfrac{x}{(x+3)^2}$

3. 证明:当 $x>0$ 时,有 $x>\sin x$.

4. 求下列函数的极值.

(1) $y=2x^3-6x^2-18x+7$ (2) $y=x-\ln(1+x)$

5. 求下列函数的最值.

(1) $y=2x^3+3x^2$,在 $[-1,3]$ 上   (2) $y=x+\sqrt{1-x}$,在 $[-3,1]$ 上

6. 试问 a 为何值时,函数 $f(x)=a\sin x+\dfrac{1}{3}\sin 3x$ 在 $x=\dfrac{\pi}{3}$ 处取得极值?求此极值.

3.4   函数图形的描绘

3.4.1   曲线的凹凸性与拐点

前面我们讨论了函数的单调性,但单调性相同的函数还会存在显著的差异. 例如,$y=\sqrt{x}$ 与 $y=x^2$ 在 $[0,+\infty)$ 上都是单调增加的,但是它们单调增加的趋势并不相同. 从图形上看,它们的曲线的弯曲方向不一样(图 3-9). 图形的弯曲方向是用曲线的凹凸性来描述的,下面我们研究曲线的凹凸性及其判别法.

从几何上分析,在有的曲线弧上,如果任取两点,则连接

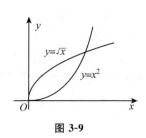

图 3-9

这两点的弦总位于这两点间的弧段的上方(图 3-10);而有的曲线弧则正好相反(图 3-11).曲线的这种性质就是曲线的凹凸性.因此,曲线的凹凸性可以用连接曲线弧上任意两点的弦的中点与曲线弧上相应点(即具有相同横坐标的点)的位置关系来描述.下面给出曲线凹凸性的定义.

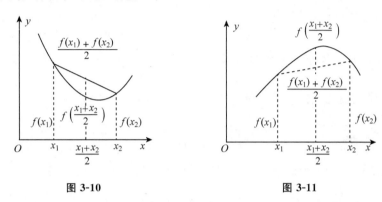

图 3-10　　　　　　　　　　　图 3-11

[定义 2]　设 $f(x)$ 在区间 I 上连续,如果对 I 上任意两点 x_1,x_2,恒有

$$f\left(\frac{x_1+x_2}{2}\right)<\frac{f(x_1)+f(x_2)}{2}$$

那么称 $f(x)$ 在 I 上的图形是(向上)凹的(或凹弧);如果恒有

$$f\left(\frac{x_1+x_2}{2}\right)>\frac{f(x_1)+f(x_2)}{2}$$

那么称 $f(x)$ 在 I 上的图形是(向上)凸的(或凸弧).

如果函数 $f(x)$ 在 I 内具有二阶导数,可以利用二阶导数的符号来判定曲线的凹凸性,即下面的曲线的凹凸性的判定定理.我们仅就 I 为闭区间的情形来叙述定理,当 I 不是闭区间时,定理类同.

[定理 9]　设函数 $f(x)$ 在 $[a,b]$ 上连续,在 (a,b) 内具有一阶和二阶导数,那么
① 若在 (a,b) 内 $f''(x)>0$,则 $f(x)$ 在 $[a,b]$ 上的图形是凹的;
② 若在 (a,b) 内 $f''(x)<0$,则 $f(x)$ 在 $[a,b]$ 上的图形是凸的.
证明从略.

例 1　判断曲线 $y=\ln x$ 的凹凸性.

解　因为 $y'=\dfrac{1}{x}$,$y''=-\dfrac{1}{x^2}$,则 $y=\ln x$ 的二阶导数在区间 $(0,+\infty)$ 内处处为负,故曲线 $y=\ln x$ 在区间 $(0,+\infty)$ 内是凸的.

例 2　判断曲线 $y=x^3$ 的凹凸性.

解　因为 $y'=3x^2$,$y''=6x$.所以当 $x<0$ 时,$y''=6x<0$,曲线是凸的;当 $x>0$ 时,$y''=6x>0$,曲线是凹的.

本例中,点 $(0,0)$ 是曲线由凸变凹的分界点.一般地,连续曲线 $y=f(x)$ 上凹与凸的分界点称为这曲线的拐点.

思 如何来寻找曲线 $y=f(x)$ 的拐点呢？

拐点既然是曲线凹凸的分界点，那么在拐点的横坐标的左右两侧近旁 $f''(x)$ 异号，因此拐点的横坐标就是 $f'(x)$ 的极值点，它只可能是使 $f''(x)$ 为零的点或 $f''(x)$ 不存在的点. 因此，如果 $f(x)$ 在区间 (a,b) 内具有二阶导数，我们就可以按下列步骤来判定曲线 $y=f(x)$ 的拐点：

①求出 $f''(x)$，找出在 (a,b) 内使 $f''(x)=0$ 的点和 $f''(x)$ 不存在的点；

②用上述各点按照从小到大依次将 (a,b) 分成小区间，再在每个小区间上考察 $f''(x)$ 的符号；

③若 $f''(x)$ 在某点 x_i 左右两侧近旁异号，则 $(x_i,f(x_i))$ 是曲线 $y=f(x)$ 的拐点，否则不是.

例 3 求曲线 $y=2x^3+3x^2-12x+14$ 的拐点.

解 因为 $y'=6x^2+6x-12,y''=12x+6=12(x+\frac{1}{2})$. 令 $y''=0$，得 $x=-\frac{1}{2}$.

当 $x<-\frac{1}{2}$ 时,$y''<0$；当 $x>-\frac{1}{2}$ 时,$y''>0$，又 $f(-\frac{1}{2})=\frac{41}{2}$，故点 $(-\frac{1}{2},\frac{41}{2})$ 是曲线的拐点.

例 4 求曲线 $y=\sqrt[3]{x}$ 的拐点.

解 显然函数 $y=\sqrt[3]{x}$ 在 $(-\infty,+\infty)$ 内连续，且 $x\neq 0$ 时，有

$$y'=\frac{1}{3\sqrt[3]{x^2}},y''=-\frac{2}{9x\sqrt[3]{x^2}}$$

当 $x=0$ 时,y',y'' 都不存在. 故二阶导数在 $(-\infty,+\infty)$ 内不连续，且 $y'\neq 0,y''\neq 0$，用 $x=0$ 将其定义区间 $(-\infty,+\infty)$ 分成两个子区间 $(-\infty,0),(0,+\infty)$.

当 $x<0$ 时,$y''>0$，曲线在 $(-\infty,0)$ 上是凹的. 当 $x>0$ 时,$y''<0$，曲线在 $(0,+\infty)$ 上是凸的. 又 $x=0$ 时,$y=0$，故点 $(0,0)$ 是曲线的一个拐点(图 3-12).

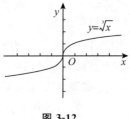

图 3-12

3.4.2 曲线的渐近线

有些函数的定义域和值域都是有限区间,其图形仅局限于一定的范围之内,如圆、椭圆等. 有些函数的定义域或值域是无穷区间,其图形向无穷远处延伸,如双曲线、抛物线等. 为了把握曲线在无限变化中的趋势,我们先介绍曲线的渐近线的概念.

[**定义 3**] 曲线 C 上的动点 M 沿曲线无限远离原点时,点 M 与一固定直线 l 的距离趋于零,则称直线 l 为曲线 C 的渐近线(图 3-13).

渐近线分为水平渐近线、铅直渐近线及斜渐近线三种,现分别讨论如下.

1)水平渐近线

若 $\lim\limits_{x\to\infty}f(x)=C$,则称曲线 $y=f(x)$ 的水平渐近线为直线 $y=C$.

例如,$\lim\limits_{x \to \infty} \dfrac{x}{1+x} = 1$,所以函数 $y = \dfrac{x}{1+x}$ 的水平渐近线为直线 $y = 1$(图 3-14).

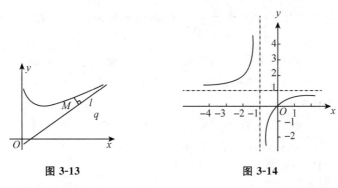

图 3-13   图 3-14

2)铅直(垂直)渐近线

若 $\lim\limits_{x \to x_0} f(x) = \infty$,则称曲线 $y = f(x)$ 的铅直渐近线为直线 $x = x_0$.

例如,$y = \dfrac{1}{(x+2)(x-3)}$ 有两条铅直渐近线:直线 $x = -2, x = 3$(图 3-15).

3)斜渐近线

若 $\lim\limits_{x \to \infty} \dfrac{f(x)}{x} = a$,且 $\lim\limits_{x \to \infty} [f(x) - ax] = b$,

则曲线 $y = f(x)$ 的斜渐近线为直线 $y = ax + b$

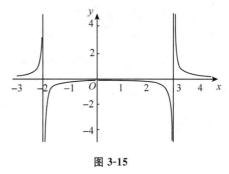

例 5 求函数 $y = \dfrac{1}{x+1} - 5$ 的渐近线.

解

(1)由于 $\lim\limits_{x \to \infty} \left(\dfrac{1}{x+1} - 5 \right) = -5$,所以函数

的水平渐近线为直线 $y = -5$

图 3-15

(2)由于 $\lim\limits_{x \to -1} \left(\dfrac{1}{x+1} - 5 \right) = \infty$,所以函数的铅直渐近线为直线 $x = -1$

例 6 求函数 $y = x + \dfrac{1}{x}$ 的渐近线.

解

(1)由于 $\lim\limits_{x \to \infty} \left(x + \dfrac{1}{x} \right) = \infty$,所以没有水平渐近线.

(2)$\lim\limits_{x \to 0} \left(x + \dfrac{1}{x} \right) = \infty$,所以函数的铅直渐近线为直线 $x = 0$

(3)$a = \lim\limits_{x \to \infty} \dfrac{f(x)}{x} = \lim\limits_{x \to \infty} \left(\dfrac{1}{x^2} + 1 \right) = 1, b = \lim\limits_{x \to \infty} [f(x) - ax] = \lim\limits_{x \to \infty} \dfrac{1}{x} = 0$,所以函数的

斜渐近线为直线 $y = ax + b = x$

3.4.3 函数图形的描绘

综合前面对函数各种性态的讨论,可以比较准确地描绘出函数的图形,其一般步骤如下:

①确定 $y=f(x)$ 的定义域,并讨论其奇偶性、周期性、连续性等;

②求出 $f'(x)$ 和 $f''(x)$ 的所有零点及不存在的点,并将它们作为分点将定义域划分为若干个小区间;

③考察各个小区间内及各分点处两侧的 $f'(x)$ 和 $f''(x)$ 的符号,从而确定出 $f(x)$ 的增减区间、极值点、凹凸区间和拐点;

④确定 $f(x)$ 的渐近线及其他变化趋势;

⑤必要时,补充一些适当的点,例如,$y=f(x)$ 与坐标轴的交点等;

⑥结合上面讨论,连点描出图形.

例 7 描绘函数 $f(x)=x^4-4x^3+10$ 的图形.

解

(1) $f'(x)=4x^3-12x^2$,$f''(x)=12x^2-24x$

(2)由 $f'(x)=4x^3-12x^2=0$,得到 $x=0$ 和 $x=3$ 由 $f''(x)=12x^2-24x=0$,得到 $x=0$ 和 $x=2$

(3)列表确定函数升降区间、凹凸区间及极值和拐点:

x	$(-\infty,0)$	0	$(0,2)$	2	$(2,3)$	3	$(3,+\infty)$
$f'(x)$	$-$	0	$-$	0	$-$	0	$+$
$f''(x)$	$+$	0	$-$	0	$+$	0	$+$
$f(x)$	$\searrow$	拐点 $(0,10)$	$\downarrow$	拐点 $(2,-6)$	$\searrow$	极小值点 $(3,-17)$	$\nearrow$

注:符号 $\nearrow$ 表示单增且上凹,$\downarrow$ 表示曲线单减且下凹,其余类推.

(4)求出 $x=0$,$x=2$,$x=3$ 处的函数值 $f(0)=10$,$f(2)=-6$,$f(3)=-17$

根据以上结论,用平滑曲线连接这些点,就可以描绘出函数的图形(图 3-16).

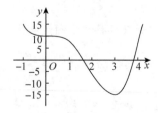

图 3-16

同步练习 3.4

1. 求下列曲线的拐点及凹凸区间.

(1) $y = x^3 - 6x^2 + 9x - 3$　　　　(2) $y = (x-4)^{\frac{1}{3}} + 5$

2. 问当 a 与 b 为何值时, 点 $(1,3)$ 为曲线 $y = ax^3 + bx^2$ 的拐点?

3. 试确定 a、b、c 的值, 使曲线 $y = ax^3 + bx^2 + cx$ 有一拐点 $(1,2)$, 且该点处的切线斜率为 -1.

4. 求下列曲线的渐近线.

(1) $y = \dfrac{1}{x^2 - 4x - 5}$　　(2) $y = \dfrac{x^2 + 2x - 1}{x}$　　(3) $y = \dfrac{x^2}{x^2 - 1}$

5. 描绘下列函数的图形.

(1) $y = 2x^3 - 3x^2$　　　　　　　　(2) $y = x^2 + \dfrac{1}{x}$

3.5　导数的实际应用

3.5.1　导数在经济分析中的应用

1) 边际与边际分析

边际概念是经济学中的重要概念, 通常指经济变量的变化率, 即经济函数的导数称为边际. 利用导数研究经济变量的边际变化方法, 称为边际分析方法, 是经济理论中的一个重要方法.

(1) 边际成本

设总成本函数为 $C = C(q)$, 且其它条件不变, 产量为 q_0 时, 增加一个单位产量所增加的成本称为产量为 q_0 时的边际成本. 如果总成本函数 $C(q)$ 是可导函数, 则其变化率为

$$C'(q_0) = \lim_{\Delta q \to 0} \frac{C(q_0 + \Delta q) - C(q_0)}{\Delta q}$$

上式即称为该产品产量为 q_0 时的边际成本, 记作 $MC = C'(q)$. 它的经济意义: 当产量为 q_0 的基础上, 再生产一个单位产品时所增加的总成本.

例 1　已知某商品的成本函数为

$$C(q) = 100 + \frac{1}{4} q^2 \quad (q \text{ 表示产量})$$

求 $q = 10$ 时的平均成本及 q 为多少时, 平均成本最小?

解　由 $C(q) = 100 + \dfrac{1}{4} q^2$ 得平均成本函数为

$$\frac{C(q)}{q} = \frac{100 + \frac{1}{4}q^2}{q} = \frac{100}{q} + \frac{1}{4}q$$

当 $q = 10$ 时, 则

$$\frac{C(q)}{q}\bigg|_{q=10} = \frac{100}{10} + \frac{1}{4} \times 10 = 12.5$$

记 $\overline{C}(q) = \frac{C(q)}{q}$, 则

$$\overline{C}'(q) = -\frac{100}{q^2} + \frac{1}{4}, \quad \overline{C}''(q) = \frac{200}{q^3}$$

令 $\overline{C}'(q) = 0$, 得 $q = 20$

而 $\overline{C}''(20) = \frac{200}{(20)^3} = \frac{1}{40} > 0$, 所以当 $q = 20$ 时, 平均成本最小.

(2)边际收益

设总收益函数为 $R = R(q)$, 且其它条件不变, 产量为 q_0 时, 每多销售一个单位产品所增加的销售总收入称为产量为 q_0 时的边际收入, 如果总收益函数 $R(q)$ 是可导函数, 则其变化率为

$$R'(q_0) = \lim_{\Delta Q \to 0} \frac{R(q_0 + \Delta q) - R(q_0)}{\Delta q}$$

上式即称为该产品产量为 q_0 时的边际收益, 记作 $MR = R'(q)$. 它的经济意义: 当产量在 q_0 的基础上, 再销售一个单位产品所增加的总收入.

例 2 设某产品的价格与销售量的关系为 $P(q) = 20 - \frac{q}{5}$, 求销售量为 30 时的总收益、平均收益与边际收益.

解 由 $R(q) = q \cdot P(q) = 20q - \frac{q^2}{5}$, 所求总收益为 $R(30) = 420$

由 $\overline{R}(q) = P(q) = 20 - \frac{q}{5}$, 得平均收益 $\overline{R}(30) = 14$

由 $R'(q) = 20 - \frac{2q}{5}$, 得边际收益 $R'(30) = 8$

(3)边际利润

设总利润函数为 $L = L(q)$, 且其它条件不变, 产量为 q_0 时, 增加一个单位产量所增加的利润称为产量为 q_0 时的边际利润. 如果总成本函数 $L(q)$ 是可导函数, 则其变化率为

$$L'(q_0) = \lim_{\Delta q \to 0} \frac{L(q_0 + \Delta q) - L(q_0)}{\Delta q}$$

上式称为该产品产量为 q_0 时的边际成本, 记作 $ML = L'(q)$. 它的经济意义: 当产量为 q_0 的基础上, 再生产一个单位产品所增加的总利润.

根据总利润函数, 总收益函数、总成本函数的关系及函数取得最大值的必要条

件与充分条件可得如下结论.

由定义得
$$L(q)=R(q)-C(q),L'(q)=R'(q)-C'(q)$$

令
$$L'(q)=0 \text{ 且 } R'(q)=C'(q)$$

■ 结论 综上所述,可得以下 2 个结论:

①函数取得最大利润的必要条件是边际收益等于边际成本.

又由 $L(q)$ 取得最大值的充分条件
$$L'(q)=0 \text{ 且 } L''(q)<0,可得 R''(q)<C''(q)$$

②函数取得最大利润的充分条件:边际收益等于边际成本且边际收益的变化率小于边际成本的变化率.

上述两个结论称为最大利润原则.

例 3 某工厂生产某种产品,固定成本 20000 元,每增加生产一个单位产品,成本增加 100 元.已知总收益 R 为年产量 q 的函数,且

$$R=R(q)=\begin{cases} 400q-\dfrac{1}{2}q^2 & 0\leqslant q\leqslant 400 \\ 80000 & q>400 \end{cases}$$

问每年生产多少产品时,总利润最大?此时总利润是多少?

解 由题意总成本函数为
$$C=C(q)=20000+100q$$

从而可得利润函数为
$$L=L(q)=R(q)-C(q)$$
$$=\begin{cases} 300q-\dfrac{1}{2}q^2-20000 & 0\leqslant q\leqslant 400 \\ 60000-100q & q>400 \end{cases}$$

令 $L'(q)=0$,得 $q=300$. 又 $L''(q)|_{q=300}=-1<0$,所以 $q=300$ 时总利润最大,此时 $L(300)=25000$,即年产量为 300 个单位时,总利润最大,此时总利润为 25000 元.

例 4 设某产品的需求函数为 $q=100-5p$,其中 p 为价格,q 为需求量,求边际收入函数以及 $q=20,q=50,q=70$ 时的边际收入.

解 由题意有 $p=\dfrac{1}{5}(100-q)$,得总收入函数为
$$R(q)=qp=q \cdot \dfrac{1}{5}(100-q)=20q-\dfrac{1}{5}q^2$$

于是边际收入函数为
$$R'(q)=20-\dfrac{2}{5}q=\dfrac{1}{5}(100-2q)$$

即
$$R'(20)=12,R'(50)=0,R'(70)=-8$$

⊛ 思 从例 4 的结论中,你能得到何启示?

2）弹性与弹性分析

弹性概念是经济学中的另一个重要概念，用来定量地描述一个经济变量对另一个经济变量变化的反应程度.

（1）弹性的概念

设函数 $y=f(x)$ 在点 $x_0(x_0\neq0)$ 的某邻域内有定义，且 $f(x_0)\neq0$，如果极限

$$\lim_{\Delta x\to0}\frac{\dfrac{\Delta y}{f(x_0)}}{\dfrac{\Delta x}{x_0}}=\lim_{\Delta x\to0}\frac{\dfrac{f(x_0+\Delta x)-f(x_0)}{f(x_0)}}{\dfrac{\Delta x}{x_0}}=\frac{x_0}{y_0}f'(x_0)$$

存在，则称此极限值为函数 $y=f(x)$ 在点 x_0 处的相对变化率或弹性，记为 $\left.\dfrac{Ey}{Ex}\right|_{x=x_0}$，

表示在点 x_0 处，当自变量产生 1% 的改变时，函数改变 $\dfrac{Ey}{Ex}\%$.

对于任意 x，若 $y=f(x)$ 可导，且 $y=f(x)$ 处处不为零，则

$$E(x)=\lim_{\Delta x\to0}\frac{\dfrac{\Delta y}{f(x)}}{\dfrac{\Delta x}{x}}=\frac{x}{y}f'(x)$$

是 x 的函数，称为 $y=f(x)$ 的弹性函数.

函数 $y=f(x)$ 在点 x_0 处的弹性数值可以是正数，也可以是负数，取决于变量 y 与变量 x 是同方向变化（正数）还是反方向变化（负数）. 弹性数值绝对值的大小表示变量变化程度的大小，且弹性数值与变量的度量单位无关.

例5 某木业公司出售的松木价格为每立方米1050元，若涨价到1130元，市场需求量会从每月200立方米降到160立方米，榆木单价为每立方米1200元，若涨价到1300元，需求量从180立方米降到135立方米，问杉木和榆木哪种木材更具有弹性？

解 松木：

$$\frac{\dfrac{\Delta y}{y}}{\dfrac{\Delta x}{x}}=\frac{\dfrac{160-200}{200}}{\dfrac{1130-1050}{1050}}=\frac{-\dfrac{1}{5}}{\dfrac{8}{105}}=-\frac{20\%}{7.6\%}=-\frac{2.63\%}{1\%}=-2.63$$

榆木：

$$\frac{\dfrac{\Delta y}{y}}{\dfrac{\Delta x}{x}}=\frac{\dfrac{135-180}{180}}{\dfrac{1300-1200}{1300}}=-\frac{\dfrac{1}{4}}{\dfrac{1}{13}}=-\frac{25\%}{7.7\%}=-\frac{3.25\%}{1\%}=-3.25$$

由 $|-2.63|<|-3.25|$，知榆木的弹性更大，表明榆木比松木的销量对价格变化的反应更敏感.

（2）需求弹性

需求是指在一定价格条件下，消费者愿意购买并且有支付能力购买的商品量.

消费者对某种商品的需求受多种因素影响,如价格、个人收入、预测价格、消费嗜好等,而价格是主要因素.因此在这里我们假设除价格以外的因素不变,讨论需求对价格的弹性.

设某商品的市场需求量为 Q,价格为 p,需求函数 $Q=Q(p)$ 可导,则称

$$\frac{EQ}{Ep}=\frac{p}{Q}\cdot\frac{\mathrm{d}Q}{\mathrm{d}p}$$

为该商品的需求价格弹性,简称为需求弹性,通常记为 ε_P.

需求弹性 ε_p 表示商品需求量 Q 对价格 p 变动的反应程度.一般的商品需求量与价格 p 反方向变动,即需求函数为价格的减函数,故需求弹性为负值,即 $\varepsilon_P<0$.因此需求价格弹性表明当商品的价格上涨(下降)1% 时,其需求量将减少(增加)约 $|\varepsilon_P|$%.

例 6 设某商品的需求函数为 $Q=12-\dfrac{1}{2}p$.

(1)求需求弹性函数及 $p=6$ 时的需求弹性.

(2)当 p 取什么值时,总收益最大? 最大总收益是多少?

解

(1)
$$\varepsilon_P=\frac{EQ}{Ep}=\frac{p}{Q}\cdot\frac{\mathrm{d}Q}{\mathrm{d}p}=\frac{p}{12-\frac{1}{2}p}\cdot\left(-\frac{1}{2}\right)=-\frac{p}{24-p}$$

$$\varepsilon(6)=-\frac{6}{24-6}=-\frac{1}{3}$$

(2)
$$R=pQ=p\left(12-\frac{1}{2}p\right)$$

$$R'=12-p$$

令 $R'=0$,得 $p=12$,$R(12)=72$,且当 $p=12$ 时,$R''<0$,故 $p=12$ 时,总收益最大为 72.

3.5.2 导数的其他应用举例

例 7 根据实验表明,某地区某农作物单位面积的施肥量 x(斤/亩)与单位面积产量 y(斤/亩)的函数关系为

$$y=-\frac{1}{3}x^3+12x^2+180x+50(x>0)$$

问每亩施肥量为多少时农作物产量最高?

解 由题意得 $y'=-x^2+24x+180$,令 $y'=0$,得 $x_1=30$,$x_2=-6$(舍去),故 y 在 $(0,+\infty)$ 上只有一个驻点,实际中它必是最大值点.

即当每亩施肥量为 30 斤时,可使农作物产量最高.

例 8 某果园要修一条水渠灌溉果苗,已知水渠断面为等腰梯形,如图 3-17 所示,在确定断面尺寸时,希望在断面 $ABCD$ 的面积为定值 S 时,使得周长 $l=AB+$

$BC+CD$ 最小,这样可使水流阻力小,渗透少,求此时的高 h 和下底边长 b.

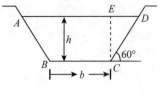

图 3-17

解 由梯形面积公式,得 $S=\dfrac{1}{2}(AD+BC)h$,其中

$$AD=2DE+BC, DE=\dfrac{\sqrt{3}}{3}h, BC=b$$

则有

$$AD=\dfrac{2\sqrt{3}}{3}h+b$$

$$S=\dfrac{1}{2}(\dfrac{2\sqrt{3}}{3}h+2b)h=(\dfrac{\sqrt{3}}{3}h+b)h$$

得

$$b=\dfrac{S}{h}-\dfrac{\sqrt{3}}{3}h.$$

又由

$$CD=\dfrac{h}{\cos 30°}=\dfrac{2}{\sqrt{3}}h, AB=CD$$

得

$$l=\dfrac{2}{\sqrt{3}}h\times 2+b=\dfrac{4\sqrt{3}}{3}h+\dfrac{S}{h}-\dfrac{\sqrt{3}}{3}h=\sqrt{3}h+\dfrac{S}{h}$$

令 $l'=\sqrt{3}-\dfrac{S}{h^2}=0$,得 $h=\dfrac{\sqrt{S}}{\sqrt[4]{3}}$ 为目标函数的唯一驻点.

故 $h=\dfrac{\sqrt{S}}{\sqrt[4]{3}}$ 时,l 取最小值,此时 $b=\dfrac{2\sqrt[4]{3}}{3}\sqrt{S}$

例 9 某公司要设计一个帐篷,它下部的形状是高为 1m 的正六棱柱,上部的形状是侧棱长为 3m 的正六棱锥(图 3-18).试问当帐篷的顶点 O 到底面中心 O_1 的距离为多少时,帐篷的体积最大?

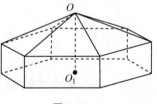

图 3-18

解 设 OO_1 为 x,则正六棱锥底面边长为

$$\sqrt{3^2-(x-1)^2}=\sqrt{8+2x-x^2}$$

底面正六边形的面积为

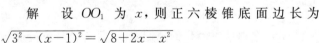

$$6\cdot\dfrac{\sqrt{3}}{4}\cdot(\sqrt{8+2x-x^2})^2=\dfrac{3\sqrt{3}}{2}\cdot(8+2x-x^2)$$

帐篷的体积为

$$V(x)=\dfrac{3\sqrt{3}}{2}\cdot(8+2x-x^2)[\dfrac{1}{3}(x-1)+1]=\dfrac{\sqrt{3}}{2}\cdot(16+12x-x^3)$$

$$V'(x)=\dfrac{\sqrt{3}}{2}\cdot(12-3x^2)$$

令 $V'(x)=0$,解得 $x=2, x=-2$(舍去).即 $x=2$ 为目标函数的唯一驻点.所以当 x

＝2 时，$V(x)$ 最大.即当 OO_1 为 2m 时,帐篷的体积最大.

同步练习 3.5

1.设某商品的需求函数和成本函数分别为

$$p+0.1q=80, C(q)=5000+20q$$

其中 q 为销售量(产量),p 为价格.求边际利润函数,计算 $q=150$ 和 $q=400$ 时的边际利润.

2.某种商品的需求量 Q 与价格 p(单位:元)的关系式为 $Q=e^{2p}$.

(1)求需求弹性函数 $\dfrac{EQ}{Ep}$.

(2)求价格 $p=3$ 元时的需求弹性.

3.在边长为 60cm 的正方形铁片的四角切去相等的正方形,再把它的边沿虚线折起,做成一个无盖的方底箱子.箱底的边长是多少时,箱底的容积最大?最大容积是多少?

4.学院举办活动,需要张贴海报进行宣传.现让你设计一张竖向张贴的海报,要求版心面积为 $1.28m^2$,上、下两边各空 0.2m,左、右两边各空 0.1m.如何设计海报尺寸,才能使四周空心面积最小?

阅读资料三

拉格朗日
——数学世界里一座高耸的塔

拉格朗日(Joseph Louis Lagrange,1736—1813 年),据拉格朗日本人回忆,幼年家境富裕,可能不会作数学研究,但到青年时代,在数学家 F. A. 雷维里(R-ev-elli)指导下学习几何学后,萌发了他的数学天赋.17 岁开始专攻当时迅速发展的数学分析.他的学术生涯可分为三个时期:都灵时期(1766 年以前)、柏林时期(1766—1786 年)、巴黎时期(1787—1813 年).

拉格朗日在数学、力学和天文学三个学科中都有重大历史性的贡献,但他主要是数学家,研究力学和天文学的目的是表明数学分析的威力.全部著作、论文、学术报告记录、学术通讯超过 500 篇.

拉格朗日的学术生涯主要在 18 世纪后半期.当时数学、物理学和天文学是自然科学主体.数学的主流是由微积分发展起来的数学分析,以欧洲大陆为中心;物理学的主流是力学;天文学的主流是天体力学.数学分析的发展使力学和天体力学深化,而力学和天体力学的课题又成为数学分析发展的动力.当时的自然科学代表人物都在此三个学科做出了历史性重大贡献.下面就拉格朗日的主要贡献介绍如下:

① 变分法. 这是拉格朗日最早研究的领域,以欧拉的思路和结果为依据,但从纯分析方法出发,得到更完善的结果.他的第一篇论文"极大和极小的方法研究"是他研究变分法的序幕;1760 年发表的"关于确定不定积分式的极大极小的一

种新方法"是用分析方法建立变分法制代表作.发表前写信给欧拉,称此文中的方法为"变分方法".欧拉肯定了,并在他自己的论文中正式将此方法命名为"变分法".变分法这个分支才真正建立起来.

②微分方程.早在都灵时期,拉格朗日就对变系数微分方程研究做工出了重大成果.他在降阶过程中提出了以后所称的伴随方程,并证明了非齐次线性变系数方程的伴随方程,就是原方程的齐次方程.在柏林期,他对常微分方程的奇解和特解做出历史性贡献,在1774年完成的"关于微分方程特解的研究"中系统地研究了奇解和通解的关系,明确提出由通解及其对积分常数的偏导数消去常数求出奇解的方法;还指出奇解为原方程积分曲线族的包络线.当然,他的奇解理论还不完善,现代奇解理论的形式是由G.达布等人完成的.除此之外,他还是一阶偏微分方程理论的建立者.

③方程论.拉格朗日在柏林的前十年,大量时间花在代数方程和超越方程的解法上.他把前人解三、四次代数方程的各种解法,总结为一套标准方法,而且还分析出一般三、四次方程能用代数方法解出的原因.拉格朗日的想法已蕴含了置换群的概念,他的思想为后来的N.H.阿贝尔和E.伽罗瓦采用并发展,终于解决了高于四次的一般方程为何不能用代数方法求解的问题.此外,他还提出了一种格朗日极数.

④数论著.拉格朗日在1772年把欧拉40多年没有解决的费马另一猜想"一个正整数能表示为最多四个平方数的和"证明出来.后来还证明了著名的定理:n是质数的充要条件为$(n-1)! + 1$能被n整除.

⑤函数和无穷级数.同18世纪的其他数学家一样,拉格朗日也认为函数可以展开为无穷级数,而无穷级数同是多项式的推广.泰勒级数中的拉格朗日余项就是他在这方面的代表作之一.

⑥分析力学的创立者.拉格朗日在这方面的最大贡献是把变分原理和最小作用原理具体化,而且用纯分析方法进行推理,成为拉格朗日方法.

⑦天体力学的奠基者.首先在建立天体运动方程上,他用他在分析力学中的原理,建议起各类天体的运动方程.其中特别是根据他在微分方程解法的任意常数变异法,建立了以天体椭圆轨道根数为基本变量的运动方程,现在仍称作拉格朗日行星运动方程,并在广泛作用.在天体运动方程解法中,拉格朗日的重大历史性贡献是发现三体问题运动方程的五个特解,即拉格朗日平动解.

总之,拉格朗日是18世纪的伟大科学家,在数学、力学和天文学三个学科中都有历史性的重大贡献.但主要是数学家,他最突出的贡献是在把数学分析的基础脱离几何与力学方面起了决定性的作用.使数学的独立性更为清楚,而不仅是其他学科的工具.同时在使天文学力学化、力学分析上也起了历史性的作用,促使力学和天文学(天体力学)更深入发展.由于历史的局限,严密性不够妨碍着他取得更多成果.

本章小结

1)本章知识结构

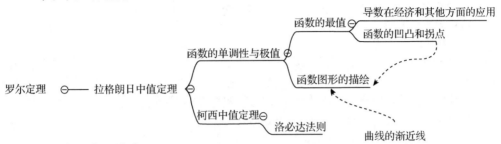

2)本章重点和难点

（1）重点

①用洛必达法则求不定式的极限；

②函数的极值与最值的求法；

③曲线的凹凸区间与拐点的求法；

④导数在经济及其他方面的应用.

（2）难点

①"$0 \cdot \infty$"，"$\infty - \infty$"，"0^0"，和"∞^0"型不定式极限的求法；

②用极值的第一、第二充分条件求极值；

③求曲线的渐近线，函数图像的描绘；

④实际问题中最值的求法.

自测题

（A 组）

一、选择题

1.设函数 $f(x) = \sin x$ 在 $[0, \pi]$ 上满足罗尔中值定理的条件,则罗尔中值定理的结论中的 $\xi =$（　　）.

A. π 　　　　B. $\dfrac{\pi}{2}$ 　　　　C. $\dfrac{\pi}{3}$ 　　　　D. $\dfrac{\pi}{4}$

2.设函数 $f(x) = (x-1)(x-2)(x-3)$,则方程 $f'(x) = 0$ 有（　　）.

A. 一个实根　　　B. 二个实根　　　C. 三个实根　　　D. 无实根

3.下列命题正确的是（　　）.

A. 若 $f'(x_0) = 0$,则 x_0 是 $f(x)$ 的极值点

B. 若 x_0 是 $f(x)$ 的极值点,则 $f'(x_0) = 0$

C. 若 $f''(x_0) = 0$,则 $(x_0, f(x_0))$ 是 $f(x)$ 的拐点

D. $(0, 3)$ 是 $f(x) = x^4 + 2x^3 + 3$ 的拐点

4.若在区间 I 上,$f'(x)>0$,$f''(x)\geq0$,则曲线 $f(x)$ 在 I 上(　　).

A.单调减少且为凹的 　　　　　　　B.单调减少且为凸的

C.单调增加且为凹的 　　　　　　　D.单调增加且为凸的

5.设 $y=x^3+3x$,那么在区间 $(-\infty,3)$ 和 $(1,+\infty)$ 内分别为(　　).

A.单调增加,单调增加 　　　　　　B.单调增加,单调减小

C.单调减小,单调增加 　　　　　　D.单调减小,单调减小

二、填空题

1.曲线 $f(x)=x^3-3x^2+5$ 的拐点为_____.

2.曲线 $f(x)=xe^{2x}$ 的凹区间为_____.

3.函数 $y=e^x-x+1$ 的极小值点为_____,单调增区间是_____.

4.函数 $y=2x^3-9x^2+12x-3$ 的单调减区间是_____.

5.函数 $y=\dfrac{1}{x-1}-3$ 的水平渐近线是_____,铅直渐近线是_____.

三、计算下列极限

1.$\lim\limits_{x\to1}\dfrac{x^3-3x+2}{x^3-x^2-x+1}$ 　　2.$\lim\limits_{x\to\infty}\dfrac{x-\sin x}{x+\sin x}$ 　　3.$\lim\limits_{x\to-1}\left(\dfrac{1}{x+1}-\dfrac{1}{\ln(x+2)}\right)$

四、综合应用题

1.设函数 $f(x)=2x^3-3x^2+4$,求:

(1)函数的单调区间和极值;(2)曲线 $f(x)$ 的凹凸区间及拐点.

2.设函数 $f(x)=x^3-3x^2-9x-1$,求 $f(x)$ 在 $[0,4]$ 上的最值.

3.从直径为 24cm 的圆形树干切出横断面为矩形的梁,此矩形的底等于 b,高等于 h,若梁的强度与 bh^2 成正比,问梁的尺寸为多少时,其强度最大?

4.证明:当 $x>0$ 时,$e^x>1+x$.

5.描绘 $y=-\dfrac{x^3}{3}+x$ 的图像.

（B 组）

一、判断正误(对的打"√",错的打"×")

1.函数 $f(x)$ 在 $[a,b]$ 上连续,且 $f(a)=f(b)$,则至少存在一点 $\xi\in(a,b)$,使 $f'(\xi)=0$.(　　)

2.若函数 $f(x)$ 在 x_0 的某邻域内处处可微,且 $f'(x_0)=0$,则函数 $f(x)$ 必在 x_0 处取得极值.

(　　)

3.若函数 $f(x)$ 在 x_0 处取得极值,则曲线 $y=f(x)$ 在点 $(x_0,f(x_0))$ 处必有平行于 x 轴的切线.

(　　)

4.函数 $y=x+\sin x$ 在 $(-\infty,+\infty)$ 内无极值.(　　)

5.若函数 $f(x)$ 在 (a,b) 内具有二阶导数,且 $f'(x)<0$,$f''(x)>0$,则曲线 $y=f(x)$ 在 (a,b) 内单调减少且是向上凹.(　　)

二、填空题

1.设 $f(x)=a\ln x+bx^2+x$ 在 $x_1=1$,$x_2=2$ 处有极值.则 $a=$_____,$b=$_____.

2.曲线 $y=\sqrt[3]{(1-x)^2}$ 的单调递增区间是_____,极小值点是.

3.曲线 $f(x)=\ln(x^2+1)$ 的凸区间是_____,拐点是_____.

4.若 $\lim\limits_{x\to0}\dfrac{e^{ax}-b}{\sin2x}=\dfrac{1}{2}$,则 $a=$_____,$b=$_____.

5. 函数 $f(x) = \dfrac{(x+1)^3}{(x-1)^2}$ 的铅直渐近线是_____,斜渐近线是_____.

三、选择题

1. 下列函数中,在区间 $[-1,1]$ 上满足罗尔定理条件的是( ).

A. $f(x) = e^x$

B. $g(x) = \ln|x|$

C. $h(x) = 1 - x^2$

D. $k(x) = \begin{cases} x\sin\dfrac{1}{x} & x \neq 0 \\ 0 & x = 0 \end{cases}$

2. 罗尔定理的条件是其结论的( ).

A. 充分条件

B. 必要条件

C. 充要条件

D. 既不充分又不必要条件

3. 设 $f(x)$ 在 x_0 有二阶导数,$f'(x_0) = 0$,$f''(x_0) = 0$,则 $f(x)$ 在 x_0 处( ).

A. 不能确定有无极值

B. 有极大值

C. 有极小值

D. 无极值

4. 设函数 $f(x)$ 在 $(0,a)$ 具有二阶导数,且 $xf''(x) - f'(x) > 0$,则 $\dfrac{f'(x)}{x}$ 在 $(0,a)$ 内( ).

A. 单调增加   B. 单调减少   C. 无单调性   D. 无极值

5. 函数 $f(x)$ 的连续但不可导的点( ).

A. 一定不是极值点

B. 一定是极值点

C. 一定不是拐点

D. 一定不是驻点

四、计算下列极限

1. $\lim\limits_{x \to 0} \dfrac{x - \sin x}{x - \tan x}$

2. $\lim\limits_{x \to 0} \dfrac{1 - \cos^2 x}{x(1 - e^x)}$

3. $\lim\limits_{x \to 0} \dfrac{\ln(1+x)}{x}$

4. $\lim\limits_{x \to 0^+} x\ln\sin x$

五、综合应用题

1. 已知曲线 $y = ax^3 + bx^2 + cx + d$ 有一拐点 $(1,3)$,且在原点处有水平切线,求该曲线方程.

2. 要建一个上端为半球形,下端为圆柱形的粮仓,其容积 V 为一常数,问当圆柱的高 h 和底半径 r 为何值时,粮仓的表面积最小?

3. 描绘 $y = 3xe^{-x}$ 的图像.

第四章 不定积分

学习目标

【知识目标】

(1)理解原函数和不定积分的概念;掌握不定积分的几何意义和性质;掌握不定积分与微分的关系.

(2)掌握不定积分的基本公式;掌握第一换元积分法、第二换元积分法(幂代换)和分部积分法.

【技能目标】

(1)能熟练应用不定积分的概念、性质和基本公式求函数的不定积分;会用不定积分的几何意义求曲线方程;会运用不定积分解决实际中遇到的问题.

(2)会用第一和第二换元积分法求一些简单函数的不定积分;能较熟练地运用分部积分公式.

前面章节已经讨论了一元函数的微分学,这一章和第五章将讨论一元函数积分学.本章讲述不定积分的概念、性质和基本积分方法.

4.1 不定积分的概念与性质

微分学中讨论了如何求函数的导数或微分的问题,但在实际问题中常常遇到与此其相反的问题.例如,已知物体在时刻 t 的运动速度 $v(t)=s'(t)$,求物体的运动规律 $s(t)$;已知曲线的切线斜率 $k=f'(x)$,求曲线方程 $y=F(x)$ 等.显然这些都是已知某一个函数的导数或者微分,反过来求这个函数问题.为此我们先引进原函数的概念.

4.1.1 原函数与不定积分的概念

[定义 1]　如果对任一 $x\in I$,都有
$$f'(x)=f(x) \text{ 或 } \mathrm{d}F(x)=f(x)\mathrm{d}x$$
则称 $F(x)$ 为 $f(x)$ 在区间 I 上的一个原函数.

例如,$(\sin x)'=\cos x$,即 $\sin x$ 是 $\cos x$ 的一个原函数.又如 $(\sqrt{x})'=\dfrac{1}{2\sqrt{x}}$,所以 $\sqrt{x}$ 是 $\dfrac{1}{2\sqrt{x}}$ 的一个原函数.

思　$\cos x$ 和 $\dfrac{1}{2\sqrt{x}}$ 还有其他原函数吗?

[定理 1](原函数存在定理)　如果函数 $f(x)$ 在区间 I 上连续,则 $f(x)$ 在区间 I 上一定有原函数,即存在区间 I 上的可导函数 $F(x)$,使得对任一 $x\in I$,有 $f'(x)=f(x)$.

注　在实际应用中,请注意以下 3 类情况.

①如果 $f(x)$ 有一个原函数,则 $f(x)$ 就有无穷多个原函数.

设 $F(x)$ 是 $f(x)$ 的一个原函数,则 $[F(x)+C]'=f(x)$,即 $F(x)+C$ 也为 $f(x)$ 的原函数,其中 C 为任意常数.

②如果 $F(x)$ 与 $G(x)$ 都为 $f(x)$ 在区间 I 上的原函数,则 $F(x)$ 与 $G(x)$ 之差为常数,即
$$F(x)-G(x)=C(C \text{ 为常数})$$

③如果 $F(x)$ 为 $f(x)$ 在区间 I 上的一个原函数,则 $F(x)+C(C$ 为任意常数$)$ 可表达 $f(x)$ 的任意一个原函数.

[定义 2]　设 $F(x)$ 是函数 $f(x)$ 在区间 I 上的一个原函数,C 为任意常数,称 $f(x)$ 的全体原函数 $F(x)+C$ 为 $f(x)$ 在区间 I 上的不定积分,记为 $\displaystyle\int f(x)\mathrm{d}x$. 即

$$\int f(x)\mathrm{d}x = F(x) + C(C \text{ 为任意常数})$$

其中"$\int$"为积分号,$f(x)$ 为被积函数,$f(x)\mathrm{d}x$ 为被积表达式,x 为积分变量.

由此可知,求 $f(x)$ 的不定积分只需求出 $f(x)$ 的一个原函数,再加上任意常数 C.

例 1 求下列不定积分:

(1) $\int x^3\mathrm{d}x$ (2) $\int \sin x\mathrm{d}x$

解

(1) 因为 $\left(\dfrac{x^4}{4}\right)' = x^3$,得

$$\int x^3\mathrm{d}x = \frac{x^4}{4} + C$$

(2) 因为 $(-\cos x)' = \sin x$,因此有

$$\int \sin x\mathrm{d}x = -\cos x + C$$

4.1.2 不定积分的几何意义

求函数 $f(x)$ 的不定积分,从几何的观点来看,就是要找出所有这样的曲线,它们在横坐标点 x 处的切线的斜率等于 $f(x)$.如果 $y = F(x)$ 是这些曲线之一,称它为 $f(x)$ 的一条积分曲线.将这条曲线沿着 y 轴作上、下平行移动,便可以得到一族积分曲线 $y = F(x) + C$(图 4-1).

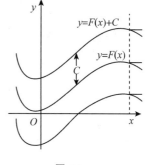

图 4-1

例 2 设曲线过点 $(1,2)$,且其上任一点的斜率为该点横坐标的两倍,求曲线的方程.

解 设曲线方程为 $y = f(x)$,其上任一点 (x,y) 处切线的斜率为 $y' = 2x$,从而

$$y = \int y'\mathrm{d}x = \int 2x\mathrm{d}x = x^2 + C$$

由 $y(1) = 2$,得 $C = 1$,因此所求曲线方程为

$$y = x^2 + 1$$

由不定积分的定义知,积分运算与微分运算之间有如下的互逆关系:

(1) $\left[\int f(x)\mathrm{d}x\right]' = f(x)$ 或 $d\int f(x)\mathrm{d}x = f(x)\mathrm{d}x$

(2) $\int F'(x)\mathrm{d}x = F(x) + C$ 或 $\int dF(x) = F(x) + C$

例 3 设 $\int f(x)\mathrm{d}x = \dfrac{1}{x} + C$,求 $f(x)$.

解　因为 $\int f(x)\mathrm{d}x = \dfrac{1}{x} + C$，所以

$$\left[\int f(x)\mathrm{d}x\right]' = \left[\dfrac{1}{x} + C\right]' = -\dfrac{1}{x^2}$$

即

$$f(x) = -\dfrac{1}{x^2}$$

4.1.3　不定积分的性质

■性质　根据不定积分的定义，有以下 2 方面的性质：
①两个函数的代数和的不定积分等于各函数的不定积分的代数和，即

$$\int[f(x) \pm g(x)]\mathrm{d}x = \int f(x)\mathrm{d}x \pm \int g(x)\mathrm{d}x$$

这是因为

$$\left[\int[f(x) \pm g(x)]\mathrm{d}x\right]' = \left[\int f(x)\mathrm{d}x\right]' \pm \left[\int g(x)\mathrm{d}x\right]' = f(x) \pm g(x)$$

此性质对有限个函数的代数和也是成立的．它表明和函数可以逐项积分．
②被积函数中不为零的常数因子可以提到积分号前，即

$$\int kf(x)\mathrm{d}x = k\int f(x)\mathrm{d}x，(k \text{ 为常数}，k \neq 0)$$

例 4　求 $\int(2e^x - 3^x)\mathrm{d}x$.

解

$$\int(2e^x - 3^x)\mathrm{d}x = \int 2e^x\mathrm{d}x - \int 3^x\mathrm{d}x = 2\int e^x\mathrm{d}x - \int 3^x\mathrm{d}x$$

又因为　　　　　　　　　$(e^x)' = e^x，\left(\dfrac{3^x}{\ln 3}\right)' = 3^x$

所以

$$\int(2e^x - 3^x)\mathrm{d}x = 2e^x - \dfrac{3^x}{\ln 3} + C.$$

注　由于常数和常数的加减还是常数，因此今后遇到多个不定积分相加减，只需写一个积分常数 C.

同步练习 4.1

1.写出下列函数的一个原函数：

(1) $2x^5$　　　(2) $-\cos x$　　　(3) $\dfrac{1}{2\sqrt{t}}$　　　(4) $\csc\theta\cot\theta$

2.根据不定积分的定义验证下列等式：

(1) $\int\dfrac{1}{x^3}\mathrm{d}x = -\dfrac{1}{2}x^{-2} + C$

(2) $\int (\sin x + \cos x)\mathrm{d}x = -\cos x + \sin x + C$

3. 根据下列等式,求被积函数 $f(x)$.

(1) $\int f(x)\mathrm{d}x = \dfrac{1}{3}\sin(3x+2)+C$ (2) $\int f(x)\mathrm{d}x = x + x^2 + C$

4. 设曲线 $f(x)$ 通过点 $(0,1)$,且其上任一点 (x,y) 处的切线斜率为 $3x^2$,求此曲线方程.

4.2 不定积分的直接积分法

4.2.1 基本积分公式

由不定积分的两个性质清楚地表明,求不定积分与求导(或微分)互为逆运算. 因此,由导数公式就相应地得到积分公式. 例如,从 $\left(\dfrac{x^{\alpha+1}}{\alpha+1}\right)' = x^{\alpha} \ (\alpha \neq -1)$,便有 $\int x^{\alpha}\mathrm{d}x = \dfrac{x^{\alpha+1}}{\alpha+1} + C(\alpha \neq -1)$. 于是有基本积分公式如下:

① $\int k\mathrm{d}x = kx + C(k\ 为常数)$ ② $\int x^{\mu}\mathrm{d}x = \dfrac{x^{\mu+1}}{\mu+1} + C\ (\mu \neq -1)$

③ $\int \dfrac{\mathrm{d}x}{x} = \ln|x| + C$ ④ $\int a^x\mathrm{d}x = \dfrac{a^x}{\ln a} + C$

⑤ $\int e^x\mathrm{d}x = e^x + C$ ⑥ $\int \cos x\mathrm{d}x = \sin x + C$

⑦ $\int \sin x\mathrm{d}x = -\cos x + C$ ⑧ $\int \dfrac{\mathrm{d}x}{\cos^2 x} = \int \sec^2 x\mathrm{d}x = \tan x + C$

⑨ $\int \dfrac{\mathrm{d}x}{\sin^2 x} = \int \csc^2 x\mathrm{d}x = -\cot x + C$ ■ $\int \sec x\tan x\mathrm{d}x = \sec x + C$

■ $\int \csc x\cot x\mathrm{d}x = -\csc x + C$ ■ $\int \dfrac{\mathrm{d}x}{1+x^2} = \arctan x + C$

■ $\int \dfrac{\mathrm{d}x}{\sqrt{1-x^2}} = \arcsin x + C$

检验积分结果是否正确,只要对结果求导,若其导数等于被积函数则正确.

例1 证明 $\int \dfrac{1}{x}\mathrm{d}x = \ln|x| + C(x \neq 0)$.

证   当 $x > 0$ 时,$(\ln|x|)' = (\ln x)' = \dfrac{1}{x}$

当 $x < 0$ 时,$(\ln|x|)' = [\ln(-x)]' = \dfrac{1}{(-x)}(-x)' = \dfrac{1}{x}$

故 $\int \dfrac{1}{x}\mathrm{d}x = \ln|x| + C(x \neq 0)$

4.2.2　直接积分法

运用不定积分的性质与基本积分公式,就可以求得一些函数的不定积分,或被积函数先经过适当的恒等变形,再利用不定积分的性质与基本积分公式,求出该函数的不定积分,这种方法称为直接积分法.

例 2　求 $\int \sqrt{x}(x^2 - 5)\mathrm{d}x$.

解

$$\int \sqrt{x}(x^2 - 5)\mathrm{d}x = \int (x^{\frac{5}{2}} - 5x^{\frac{1}{2}})\mathrm{d}x = \int x^{\frac{5}{2}}\mathrm{d}x - 5\int x^{\frac{1}{2}}\mathrm{d}x$$
$$= \frac{2}{7}x^{\frac{7}{2}} - \frac{10}{3}x^{\frac{3}{2}} + C = \frac{2}{7}x^3\sqrt{x} - \frac{10}{3}x\sqrt{x} + C$$

例 3　求 $\int \dfrac{(x-1)^3}{x^2}\mathrm{d}x$.

解

$$\int \frac{(x-1)^3}{x^2}\mathrm{d}x = \int \frac{x^3 - 3x^2 + 3x - 1}{x^2}\mathrm{d}x = \int (x - 3 + \frac{3}{x} - \frac{1}{x^2})\mathrm{d}x$$
$$= \frac{x^2}{2} - 3x + 3\ln|x| + \frac{1}{x} + C$$

例 4　求 $\int (e^x - 3\cos x + 2^x e^x)\mathrm{d}x$.

解

$$\int (e^x - 3\cos x + 2^x e^x)\mathrm{d}x = \int e^x \mathrm{d}x - 3\int \cos x \mathrm{d}x + \int (2e)^x \mathrm{d}x$$
$$= e^x - 3\sin x + \frac{(2e)^x}{\ln(2e)} + C$$
$$= e^x - 3\sin x + \frac{(2e)^x}{1 + \ln 2} + C$$

例 5　求 $\int \dfrac{1 + x + x^2}{x(1 + x^2)}\mathrm{d}x$.

解

$$\int \frac{1 + x + x^2}{x(1 + x^2)}\mathrm{d}x = \int \frac{(1 + x^2) + x}{x(1 + x^2)}\mathrm{d}x$$
$$= \int \frac{1}{x}\mathrm{d}x + \int \frac{1}{1 + x^2}\mathrm{d}x$$
$$= \ln|x| + \arctan x + C$$

例 6　求 $\int \tan^2 x \mathrm{d}x$.

解

$$\int \tan^2 x \mathrm{d}x = \int (\sec^2 x - 1)\mathrm{d}x$$

$$= \int \sec^2 x \mathrm{d}x - \int \mathrm{d}x$$
$$= \tan x - x + C$$

例 7 求 $\displaystyle\int \cos^2 \frac{x}{2}\mathrm{d}x$.

解

$$\int \cos^2 \frac{x}{2}\mathrm{d}x = \int \frac{1+\cos x}{2}\mathrm{d}x$$
$$= \int \frac{1}{2}\mathrm{d}x + \frac{1}{2}\int \cos x \mathrm{d}x = \frac{1}{2}(x+\sin x) + C$$

同步练习 4.2

求下列不定积分：

(1) $\displaystyle\int \sqrt{x}(x^2-4)\mathrm{d}x$

(2) $\displaystyle\int \frac{(1-x)^2}{\sqrt{x}}\mathrm{d}x$

(3) $\displaystyle\int 2^x e^x \mathrm{d}x$

(4) $\displaystyle\int \frac{2 \cdot 3^x - 5 \cdot 2^x}{3^x}\mathrm{d}x$

(5) $\displaystyle\int \sec x(\sec x - \tan x)\mathrm{d}x$

(6) $\displaystyle\int \frac{1}{1+\cos 2x}\mathrm{d}x$

(7) $\displaystyle\int \frac{\cos 2x}{\sin^2 x}\mathrm{d}x$

(8) $\displaystyle\int \sin^2 \frac{x}{2}\mathrm{d}x$

(9) $\displaystyle\int \frac{\cos 2x}{\cos^2 x \sin^2 x}\mathrm{d}x$

(10) $\displaystyle\int (\tan x + \cot x)^2 \mathrm{d}x$

4.3 不定积分的换元积分法

从上节的例子看到,通过对被积函数作代数或三角恒等变换,利用基本积分公式及不定积分的运算性质,可求导一些简单的不定积分,但对于不定积分 $\displaystyle\int \frac{1}{3+2x}\mathrm{d}x$,$\displaystyle\int \frac{1}{1+\sqrt{x}}\mathrm{d}x$ 等,就不能使用直接积分法. 因此,必须进一步研究积分方法.

4.3.1 第一类换元积分法(凑微分法)

引例 思考如下,$\displaystyle\int e^{2x}\mathrm{d}x = e^{2x} + C$ 是否成立?

解决方法如下,利用复合函数,设置中间变量. 令 $u = 2x$,则 $\mathrm{d}x = \dfrac{1}{2}\mathrm{d}u$,则

$$\int e^{2x} \mathrm{d}x = \frac{1}{2} \int e^u \mathrm{d}u = \frac{1}{2} e^u + C = \frac{1}{2} e^{2x} + C$$

换元积分法是将复合函数求导法则反过来使用的积分法.

设 $F(u)$ 为 $f(u)$ 的原函数，$u = \varphi(x)$ 可微，则

$$\int f[\varphi(x)]\varphi'(x)\mathrm{d}x = \left[\int f(u)\mathrm{d}u\right]_{u=\varphi(x)} = F[\varphi(x)] + C \qquad (4\text{-}1)$$

式(4-1) 称为第一类换元积分公式.

第一换元积分法的关键，是通过引入中间变量 $u = \varphi(x)$，把被积表达式凑成某个函数的微分，然后利用基本积分公式求出结果，故又称凑微分法.

例 1 求 $\int 2\cos 2x \mathrm{d}x$.

解

$$\int 2\cos 2x \mathrm{d}x = \int \cos 2x (2x)' \mathrm{d}x = \int \cos 2x \mathrm{d}2x = \int \sin 2x + C$$

例 2 求 $\int \frac{1}{3+2x} \mathrm{d}x$.

解

$$\begin{aligned}
\int \frac{1}{3+2x} \mathrm{d}x &= \frac{1}{2} \int \frac{1}{3+2x}(3+2x)' \mathrm{d}x \\
&= \frac{1}{2} \int \frac{1}{3+2x} \mathrm{d}(3+2x) \\
&= \frac{1}{2} \ln |3+2x| + C
\end{aligned}$$

注 凑微分法运用的难点在于原题并未指明应该把哪一部分凑成 $\mathrm{d}\varphi(x)$，这需要解题经验，如果记熟一些微分式，能更迅速的解题，常需用到的公式如下：

$$\mathrm{d}x = \frac{1}{u}\mathrm{d}(ax+b) \qquad\qquad x\mathrm{d}x = \frac{1}{2}\mathrm{d}(x^2)$$

$$e^x \mathrm{d}x = \mathrm{d}(e^x) \qquad\qquad \frac{1}{x}\mathrm{d}x = \mathrm{d}(\ln|x|)$$

$$\frac{\mathrm{d}x}{\sqrt{x}} = 2\mathrm{d}(\sqrt{x}) \qquad\qquad \sin x\mathrm{d}x = -\mathrm{d}(\cos x)$$

$$\cos x\mathrm{d}x = \mathrm{d}(\sin x) \qquad\qquad \sec^2 x\mathrm{d}x = \mathrm{d}(\tan x)$$

$$csc^2 x\mathrm{d}x = -\mathrm{d}(\cot x) \qquad\qquad \frac{1}{1+x^2}\mathrm{d}x = \mathrm{d}(\arctan x)$$

$$\frac{1}{\sqrt{1-x^2}}\mathrm{d}x = \mathrm{d}(\arcsin x)$$

同一积分，可以有几种不同的解法，其结果在形式上可能不同，但实质上它们只是相差一个常数. 如下例所示.

例 3 求 $\int \sin x \cos x \mathrm{d}x$.

解法一
$$\int \sin x \cos x \mathrm{d}x = \int \sin x \mathrm{d}(\sin x) = \frac{\sin^2 x}{2} + C$$
解法二
$$\int \sin x \cos x \mathrm{d}x = -\int \cos x \mathrm{d}(\cos x) = -\frac{\cos^2 x}{2} + C$$
解法三
$$\int \sin x \cos x \mathrm{d}x = \frac{1}{2} \int \sin 2x \mathrm{d}x = -\frac{\cos 2x}{4} + C$$

若被积函数为三角函数的偶次幂,一般应先降幂(利用倍角公式).

例 4 求 $\int \cos^2 x \mathrm{d}x$.

解
$$\int \cos^2 x \mathrm{d}x = \int \frac{1 + \cos 2x}{2} \mathrm{d}x = \frac{1}{2} \Big[\int \mathrm{d}x + \int \cos 2x \mathrm{d}x \Big]$$
$$= \frac{x}{2} + \frac{1}{4} \int \cos 2x \mathrm{d}2x$$
$$= \frac{x}{2} + \frac{1}{4} \sin 2x + C$$

两个不同角的三角函数相乘,可利用积化和差公式.

例 5 求 $\int \sin 6x \cos 2x \mathrm{d}x$. (运用公式 $\sin \alpha \cos \beta = \dfrac{\sin(\alpha + \beta) + \sin(\alpha - \beta)}{2}$)

解
$$\int \sin 6x \cos 2x \mathrm{d}x = \int \frac{\sin 8x + \sin 4x}{2} \mathrm{d}x$$
$$= -\frac{1}{16} \cos 8x - \frac{1}{8} \cos 4x + C$$

使用第一类换元法的关键是"凑"出函数的微分,可应用拆项、加项、减项、同乘除因子、三角恒等变形等方法将被积函数变形,化简成简单函数后再求不定积分;也可以从被积函数中取出部分表达式,求其导数后寻找规律,再确定如何凑微分.

例 6 求 $\int \dfrac{1}{x^2 - a^2} \mathrm{d}x$.

解
$$\int \frac{1}{x^2 - a^2} \mathrm{d}x = \frac{1}{2a} \int \Big(\frac{1}{x - a} - \frac{1}{x + a} \Big) \mathrm{d}x$$
$$= \frac{1}{2a} \Big[\int \frac{1}{x - a} \mathrm{d}(x - a) - \int \frac{1}{x + a} \mathrm{d}(x + a) \Big]$$
$$= \frac{1}{2a} \big[\ln | x - a | - \ln | x + a | \big] + C$$
$$= \frac{1}{2a} \ln \Big| \frac{x - a}{x + a} \Big| + C$$

4.3.2 第二类换元积分法

有些不定积分,不能通过凑微分和积分基本公式求解,但可利用变量代换转化积分形式后利用基本积分公式求解. 常用的代换方法:幂代换(根式代换)、三角代换、指数代换和倒代换,本书仅介绍前两种.

第一换元法令 $u = \varphi(x)$,但是对于有些被积函数则需要作相反方式的换元,即令 $x = \varphi(t)$,把 t 作为新的积分变量,才能得到结果,即

$$\int f(x)\mathrm{d}x \xrightarrow[\text{换元}]{x = \varphi(t)} \int f[\varphi(t)]\varphi'(t)\mathrm{d}t = F(t) + C \xrightarrow[\text{回代}]{t = \varphi^{-1}(x)} F[\varphi^{-1}(x)] + C$$

$$(4\text{-}2)$$

式(4-2)称为第二类换元积分公式.

第二换元法关键在于进行恰当的选择 $x = \varphi(t)$,去掉根号或将被积函数化为基本积分公式中的某个形式,对于 $x = \varphi(t)$ 的选择,要求其单调可微,且 $\varphi'(t) \neq 0$.

1)幂代换(根式代换)

被积函数中含有被开方因式为一次式的根式 $\sqrt[n]{ax+b}$ 时,令 $\sqrt[n]{ax+b} = t$,可以消去根号,求得积分,这种方法称为幂代换法. 如:

例 7 求 $\displaystyle\int \frac{\mathrm{d}x}{1+\sqrt{x}}$.

解 令 $\sqrt{x} = t$,则 $x = t^2$,$\mathrm{d}x = 2t\mathrm{d}t$,所以

$$\int \frac{\mathrm{d}x}{1+\sqrt{x}} = 2\int \frac{t\mathrm{d}t}{1+t} = 2\int \frac{(1+t)-1}{1+t}\mathrm{d}t$$

$$= 2\int \mathrm{d}t - 2\int \frac{\mathrm{d}t}{1+t} = 2t - 2\ln|1+t| + C$$

$$= 2[\sqrt{x} - \ln(1+\sqrt{x})] + C$$

例 8 求 $\displaystyle\int \frac{\mathrm{d}x}{(1-\sqrt[3]{x})\sqrt{x}}$.

解 令 $\sqrt[6]{x} = t$,则 $x = t^6$,$\mathrm{d}x = 6t^5\mathrm{d}t$

$$\int \frac{\mathrm{d}x}{(1-\sqrt[3]{x})\sqrt{x}} = \int \frac{6t^5}{(1-t^2)t^3}\mathrm{d}t$$

$$= 6\int \frac{t^2}{1-t^2}\mathrm{d}t = -6\int \left(1 + \frac{1}{t^2-1}\right)\mathrm{d}t$$

$$= -6t + 3\int \left(\frac{1}{t+1} - \frac{1}{t-1}\right)\mathrm{d}t$$

$$= -6t + 3\ln\left|\frac{t+1}{t-1}\right| + C$$

$$= -6\sqrt[6]{x} + 3\ln\left|\frac{\sqrt[6]{x}+1}{\sqrt[6]{x}-1}\right| + C$$

注 对含有多个根式的被积函数,通常是取同形根式中方幂的最小公倍数作为代换,再消去根号,将其转化为有理函数积分.如例 8,令 $\sqrt[6]{x}=t$.

* 2) 三角代换

若被积函数含有根式 $\sqrt{a^2-x^2}$、$\sqrt{x^2-a^2}$、$\sqrt{x^2+a^2}$,可分别令 $x=a\sin t$、$x=a\sec t$、$x=a\tan t$ 进行代换化去根式,这种方法称为三角代换法.

例 9 求不定积分 $\int \sqrt{a^2-x^2}\,\mathrm{d}x$ $(a>0)$.

解 作三角替换 $x=a\sin t\left(-\dfrac{\pi}{2}<t<\dfrac{\pi}{2}\right)$,则 $\sqrt{a^2-x^2}=a\cos t$,$\mathrm{d}x=a\cos t\,\mathrm{d}t$,于是

$$\int \sqrt{a^2-x^2}\,\mathrm{d}x=\int a^2\cos^2 t\,\mathrm{d}t=\frac{a^2}{2}\int (1+\cos 2t)\,\mathrm{d}t=\frac{a^2}{2}\left(t+\frac{\sin 2t}{2}\right)+C$$

$$=\frac{a^2}{2}(t+\sin t\cos t)+C$$

为便于把上式右端换回为 x 的函数,根据换元关系式

$x=a\sin t$,即 $\sin t=\dfrac{x}{a}$,可作直角三角形(图 4-2),由图可得

$\cos t=\dfrac{\sqrt{a^2-x^2}}{a}$,所以

$$\int \sqrt{a^2-x^2}\,\mathrm{d}x=\frac{a^2}{2}\arcsin\frac{x}{a}+\frac{1}{2}x\sqrt{a^2-x^2}+C$$

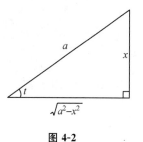

图 4-2

例 10 求 $\int \dfrac{1}{x^2\sqrt{x^2-1}}\,\mathrm{d}x$.

解 令 $x=\sec t$,则 $\mathrm{d}x=\sec t\tan t\,\mathrm{d}t$,所以

$$\int \frac{1}{x^2\sqrt{x^2-1}}\,\mathrm{d}x=\int \frac{\sec t\tan t}{\sec^2 t\,|\tan t|}\,\mathrm{d}t$$

$$=\pm\int \cos t\,\mathrm{d}t=\pm\sin t+C$$

$$=\frac{\sqrt{x^2-1}}{x}+C$$

同步练习 4.3

1. 在下列各式等号右端的空白处填入适当的系数,使等式成立:

(1) $\mathrm{d}x=$ _____ $\mathrm{d}(3x+1)$　　　　(2) $x\mathrm{d}x=$ _____ $\mathrm{d}(x^2-3)$

(3) $x^3\mathrm{d}x=$ _____ $\mathrm{d}(3x^4-1)$　　　(4) $e^{-2x}\mathrm{d}x=$ _____ $\mathrm{d}(e^{-2x})$

(5) $(3x^2-2)\mathrm{d}x=$ _____ $\mathrm{d}(2x-x^3)$　(6) $\dfrac{\mathrm{d}x}{x}=$ _____ $\mathrm{d}(3\ln|x|)$

2.用第一换元积分法求下列不定积分:

(1)$\int a^{3x}\mathrm{d}x$

(2)$\int (3-2x)^{\frac{3}{2}}\mathrm{d}x$

(3)$\int \dfrac{\mathrm{d}x}{4-3x}$

(4)$\int \dfrac{e^{\frac{1}{x}}}{x^2}\mathrm{d}x$

(5)$\int \dfrac{\sin\sqrt{t}}{\sqrt{t}}\mathrm{d}t$

(6)$\int \dfrac{\mathrm{d}x}{x\ln x}$

(7)$\int \dfrac{e^x}{1+e^x}\mathrm{d}x$

(8)$\int \dfrac{\cos 2x}{\cos x-\sin x}\mathrm{d}x$

(9)$\int \dfrac{x-1}{x^2-1}\mathrm{d}x$

(10)$\int \dfrac{2x+5}{x^2+5x-7}\mathrm{d}x$

(11)$\int \dfrac{x}{\sqrt{2-x^2}}\mathrm{d}x$

(12)$\int \sec^2\sqrt{1+x^2}\cdot\dfrac{x\mathrm{d}x}{\sqrt{1+x^2}}$

3.用第二换元积分法求下列不定积分:

(1)$\int \dfrac{\sqrt{x}}{\sqrt{x}+1}\mathrm{d}x$

(2)$\int \dfrac{1}{\sqrt{2x-3}+1}\mathrm{d}x$

(3)$\int \dfrac{\sqrt[3]{x}}{x(\sqrt{x}+\sqrt[3]{x})}\mathrm{d}x$

*(4)$\int \dfrac{1}{\sqrt{x}(1+\sqrt[3]{x})}\mathrm{d}x$

*(5)$\int \dfrac{x^2\mathrm{d}x}{\sqrt{1-x^2}}$

*(6)$\int \dfrac{\sqrt{x^2-9}}{x}\mathrm{d}x$

4.4　不定积分的分部积分法

从上节的例子看到,利用第一和第二换元积分法,可以求出一些含根式函数的不定积分,但对于两种不同类型函数的乘积,形如$\int x\ln x\mathrm{d}x$、$\int x^2\sin x\mathrm{d}x$ 和$\int e^x\cos x\mathrm{d}x$ 等,不能使用直接积分法和换元积分法.必须用分部积分法来解决问题.

设 $u=u(x),v=v(x)$ 具有连续的导数,由两个函数相乘的导数公式,有

$$(uv)'=u'v+uv'$$

两端求不定积分,得

$$\int (uv)'\mathrm{d}x=\int vu'\mathrm{d}x+\int uv'\mathrm{d}x$$

即

$$\int uv'\mathrm{d}x=uv-\int vu'\mathrm{d}x$$

或

$$\int u\mathrm{d}v=uv-\int v\mathrm{d}u$$

(4-3)

式(4-3) 称为不定积分的分部积分公式.它可以将求$\int u\mathrm{d}v$ 的积分问题转化为求

$\int v \mathrm{d}u$ 的积分,当后面的积分较容易求时,分部积分起了化难为易的作用. 使用的关键是恰当选取 $u(x)$ 与 $v'(x)$(或 $v(x)\mathrm{d}x$). 分部积分法常与换元积分法交替使用,或者数次使用才能算出结果.

例 1 求 $\int x\cos x\mathrm{d}x$.

解

$$\int x\cos x\mathrm{d}x = \int x\mathrm{d}\sin x = x\sin x - \int \sin x\mathrm{d}x$$
$$= x\sin x + \cos x + C.$$

例 2 求 $\int x^2 e^x\mathrm{d}x$.

解

$$\int x^2 e^x\mathrm{d}x = \int x^2 \mathrm{d}e^x = x^2 e^x - \int e^x \mathrm{d}x^2 = x^2 e^x - 2\int xe^x\mathrm{d}x$$
$$= x^2 e^x - 2\left(xe^x - \int e^x\mathrm{d}x\right)$$
$$= x^2 e^x - 2xe^x + 2e^x + C$$

注 由例 1 和例 2 可以看出,当被积函数是幂函数与正弦(余弦)乘积或是幂函数与指数函数乘积,做分部积分时,取幂函数为 u,其余部分取为 $\mathrm{d}v$.

例 3 求 $\int x\ln x\mathrm{d}x$.

解

$$\int x\ln x\mathrm{d}x = \frac{1}{2}\int \ln x\mathrm{d}x^2 = \frac{1}{2}\left[x^2\ln x - \int x^2\mathrm{d}\ln x\right]$$
$$= \frac{1}{2}\left[x^2\ln x - \int x\mathrm{d}x\right] = \frac{1}{2}\left[x^2\ln x - \frac{1}{2}x^2\right] + C$$
$$= \frac{1}{2}x^2\ln x - \frac{1}{4}x^2 + C$$

例 4 求 $\int e^x\sin x\mathrm{d}x$.

解

$$\int e^x\sin x\mathrm{d}x = \int \sin x\mathrm{d}e^x = e^x\sin x - \int e^x\mathrm{d}\sin x$$
$$= e^x\sin x - \int e^x\cos x\mathrm{d}x = e^x\sin x - \int \cos x\mathrm{d}e^x$$
$$= e^x\sin x - \left(e^x\cos x - \int e^x\mathrm{d}\cos x\right)$$
$$= e^x\sin x - e^x\cos x - \int e^x\sin x\mathrm{d}x$$

移项整理得

$$2\int e^x \sin x \mathrm{d}x = e^x (\sin x - \cos x)$$

即

$$\int e^x \sin x \mathrm{d}x = \frac{1}{2} e^x (\sin x - \cos x) + C$$

注 由例 3 和例 4 可以看出,当被积函数是幂函数与对数函数乘积或是幂函数与反三角函数函数乘积,做分部积分时,取对数函数或反三角函数为 u,其余部分取为 $\mathrm{d}v$.另外,在用分部积分法求不定积分时,若在计算过程中出现循环现象,常常可通过解方程求出结果.

例 5 求 $\int e^{\sqrt{x}} \mathrm{d}x$.

解 令 $\sqrt{x} = t$,则 $x = t^2$,$\mathrm{d}x = 2t\mathrm{d}t$,因此

$$\int e^{\sqrt{x}} \mathrm{d}x = \int e^t 2t \mathrm{d}t$$
$$= 2\int t e^t \mathrm{d}t$$
$$= 2[t e^t - e^t] + C$$
$$= 2 e^{\sqrt{x}} (\sqrt{x} - 1) + C$$

同步练习 4.4

用分部积分法求下列不定积分:

(1) $\int x \sin x \mathrm{d}x$

(2) $\int x e^x \mathrm{d}x$

(3) $\int e^x \cos x \mathrm{d}x$

(4) $\int e^x \cos x \mathrm{d}x$

(5) $\int x^2 \ln x \mathrm{d}x$

(6) $\int \frac{\ln x}{\sqrt{x}} \mathrm{d}x$

(7) $\int x \sin \frac{x}{2} \mathrm{d}x$

(8) $\int t^2 e^{-t} \mathrm{d}t$

阅读资料四

波恩哈德·黎曼

黎曼是 19 世纪最富有创造性的德国数学家、数学物理学家.1826 年 9 月 17 日生于汉诺威的布列斯伦茨,他早年从父亲和一位当地教师那里接受初等教育,中学时代就热衷于课程之外的数学.1846 年入哥廷根大学读神学与哲学,后来转学数学;1851 年以关于复变函数与黎曼曲面的论文获博士学位;1854 年 6 月成为格丁根大学的讲师;1857 年升为副教授;1859 年接替狄利克莱成为教授.

黎曼是数学史上最具独创精神的数学家之一,在他的诸多思想成果中,他亲手

创造出来的黎曼几何,也就是他的就职论文中受到高斯称赞的新几何体系,展现出的奇异想象力尤其令人惊叹.多年以后,当黎曼的想法在物理界完全成熟、开花结果时,爱因斯坦曾经写道:"唯有黎曼这个孤独而不被世人了解的天才,在上个世纪中叶便发现了空间的新概念 —— 空间不再一成不变,空间参与物理事件的可能性才开始显现."

波恩哈德·黎曼

黎曼他没有获得像欧拉和柯西那么多的数学成果.但他的工作的优异质量和深刻的洞察能力令世人惊叹.尽管牛顿和莱布尼兹发现了微积分,并且给出了定积分的论述,但目前教科书中有关定积分的现代化定义是由黎曼给出的.为纪念他,人们把积分和称为黎曼和,把定积分称为黎曼积分.

德国数学家希尔伯特曾指出:"19世纪最有启发性、最重要的数学成就是非欧几何的发现."1854年黎曼提出了一种新的几何学.在这种几何学中,黎曼把欧氏几何的第五公设改为"过平面上一已知直线外一点没有直线与原直线平行".由此可推出"三角形内角和大于π"的命题,更重要的是他把欧几里得三维空间推广到n维空间,从而得到一种新的几何学 —— 黎曼非欧几何学.他的工作远远超过前人,他的著作对19世纪下半叶和20世纪的数学发展都产生了重大的影响.他不仅是非欧几何的创始人之一,而且他的研究成果为50年后爱因斯坦的广义相对论提供了数学框架.爱因斯坦在创建广义相对论的过程中,因他缺乏必要的数学工具,长期未能取得根本性的突破,当他的同学、好友,德国数学家格拍斯曼帮助他掌握了黎曼几何和张量分析之后,才使爱因斯坦打开了广义相对论的大门,完成了物理学的一场革命,宣告核时代的来临.爱因斯坦深有体会地说:"理论物理学家越来越不得不服从于纯数学的形式的支配."爱因斯坦还认为理论物理的"创造性原则寓于数学之中."黎曼的数学思想精辟独特.正是黎曼的几何让爱因斯坦成为在思想上环航宇宙的"麦哲伦".对于他的贡献,人们是这样评价:"黎曼把数学向前推进了几代人的时间".

黎曼的一生是贫穷的一生,有时他的一家甚至陷入对口粮都需要算计的地步,黎曼的父亲和多个兄弟姐妹相继去世,就是在这种情况下,黎曼仍全身心地投入到数学研究工作之中,终于在众多的数学领域里做出了许多奠基性和创造性的研究工作,黎曼在数学界的学术声望迅速提高.他受到许多世界著名数学家的赞扬,也最终继承了高斯生前的教席,获得了一个科学家可能得到的最高荣誉.长时期清贫的生活、过度的操劳、发奋的研究,使得黎曼身体虚弱、精力衰竭.1862年婚后不到一个月就开始患胸膜炎和肺结核,在病魔缠身之际,只要有一些力气,黎曼仍坚持数学研究工作.虽然这个时期黎曼积极就医和疗养,但因病入膏肓终无疗效.1866年7月20日,黎曼死于肺结核,他过早地离开了人世,也过早地离开了数学,年仅40岁.

本章小结

1) 本章知识结构

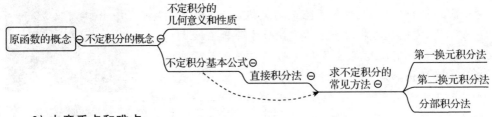

2) 本章重点和难点

（1）重点

① 不定积分的概念和性质；

② 不定积分与微分的关系；

③ 接积分法、换元积分法和分部积分法.

（2）难点

① 换元积分法；

② 分部积分法.

自测题

（A 组）

一、选择题

1. 设 $F_1(x)$，$F_2(x)$ 是区间 I 内连续函数 $f(x)$ 的两个不同的原函数，且 $f(x) \neq 0$，则在区间 $F_1(x) - F_2(x) = C$ 内必有（　　）.

A. $F_1(x) - F_2(x) = C$
B. $F_1(x) \cdot F_2(x) = C$
C. $F_1(x) = CF_2(x)$
D. $F_1(x) + F_2(x) = C$

2. 若 $f'(x) = f(x)$，则 $\int dF(x) = ($　　$)$.

A. $f(x)$　　　　　　B. $F(x)$　　　　　C. $f(x) + C$　　　　D. $F(x) + C$

3. 已知一个函数的导数为 $y' = 2x$，且 $x = 2$ 时 $y = 5$，这个函数是（　　）.

A. $y = x^2 + C$　　　B. $y = x^2 + 1$　　　C. $y = \dfrac{x^2}{2} + 3$　　　D. $y = x + 4$

4. 若 $f(x)$ 为可导、可积函数，则（　　）.

A. $\left[\int f(x)\,dx\right]' = f(x)$　　　　　　B. $d\left[\int f(x)\,dx\right] = f(x)$

C. $\int f'(x)\,dx = f(x)$　　　　　　D. $\int df(x) = f(x)$

5. 函数 $f(x) = \cos(2x + 1)$ 的一个原函数 $F(x) = ($　　$)$.

A. $\sin(2x + 1)$　　　　　　B. $\dfrac{1}{2}\sin(2x + 1)$

C. $2\sin(2x+1)$ D. $-\dfrac{1}{2}\sin(2x+1)$

6. 设 $I = \displaystyle\int \dfrac{1}{x^4}\mathrm{d}x$，则 $I = ($ $)$.

A. $-4x^{-5}+C$ B. $-\dfrac{1}{3x^3}+C$

C. $-\dfrac{1}{3}x^3+C$ D. $\dfrac{1}{3}x^{-3}+C$

7. $\displaystyle\int \dfrac{1}{1-2x}\mathrm{d}x = ($ $)$.

A. $-\dfrac{1}{2}\ln|1-2x|+C$ B. $2\ln|1-2x|+C$

C. $\dfrac{1}{2}\ln|1-2x|+C$ D. $\ln|1-2x|+C$

8. $\displaystyle\int \dfrac{\ln x}{x}\mathrm{d}x = ($ $)$.

A. $\dfrac{1}{x}\ln x+\dfrac{1}{x}+C$ B. $\dfrac{1}{2}\ln^2 x+C$

C. $\dfrac{1}{x}\ln x+C$ D. $-\dfrac{1}{2}\ln^2 x+C$

二、填空题

1. 不定积分 $\displaystyle\int \dfrac{\mathrm{d}x}{x^2\sqrt{x}} = $ _____.

2. 不定积分 $\displaystyle\int (x-2)^2\mathrm{d}x = $ _____.

3. 不定积分 $\displaystyle\int (10^x+3\sin x-\sqrt{x})\mathrm{d}x = $ _____.

4. 不定积分 $\displaystyle\int \dfrac{1}{1+\cos 2x}\mathrm{d}x = $ _____.

5. 不定积分 $\displaystyle\int \dfrac{1}{\sqrt{2x+1}}\mathrm{d}x = $ _____.

6. 经过点 $(0,1)$，且其切线的斜率为 x 的曲线方程为_____.

7. 设 $f(x) = \dfrac{1}{x}$，则 $\displaystyle\int f'(x)\mathrm{d}x = $ _____.

8. 不定积分 $\displaystyle\int xe^{-x}\mathrm{d}x = $ _____.

三、求下列不定积分

1. $\displaystyle\int (1-x+x^3-\dfrac{1}{\sqrt[3]{x^2}})\mathrm{d}x$ 2. $\displaystyle\int \dfrac{x^3-27}{x-3}\mathrm{d}x$

3. $\displaystyle\int \dfrac{\cos 2x}{\cos x+\sin x}\mathrm{d}x$ 4. $\displaystyle\int 2x\sqrt{x^2-1}\mathrm{d}x$

5. $\displaystyle\int \dfrac{2x-1}{x^2-x+8}\mathrm{d}x$ 6. $\displaystyle\int \dfrac{\sqrt{\ln x}}{x}\mathrm{d}x$

7. $\displaystyle\int \dfrac{1}{(1-\sqrt{x})}\mathrm{d}x$ 8. $\displaystyle\int x^2\cos x\mathrm{d}x$

$$(\textbf{B 组})$$

一、选择题

1. 函数 $f(x) = (x + | x |)^2$ 的一个原函数 $F(x) = ($ $)$.

A. $\dfrac{4}{3} x^3$

B. $\dfrac{4}{3} | x | x^2$

C. $\dfrac{2}{3} x (x^2 + | x |^2)$

D. $\dfrac{2}{3} x^2 (x + | x |)$

2. $\displaystyle\int e^{-2x} \mathrm{d}x = ($ $)$.

A. $e^{-2x} + C$

B. $-\dfrac{1}{2} e^{-2x} + C$

C. $2 e^{-2x} + C$

D. $\dfrac{1}{2} e^{-2x} + C$

3. 若 $f(x)$ 为可导、可积函数,则(   ).

A. $\mathrm{d}\Big[\displaystyle\int f(x)\mathrm{d}x\Big] = f(x)$

B. $\dfrac{\mathrm{d}}{\mathrm{d}x}\Big[\displaystyle\int f(x)\mathrm{d}x\Big] = f(x)\mathrm{d}x$

C. $\displaystyle\int \mathrm{d}f(x) = f(x)$

D. $\displaystyle\int \mathrm{d}f(x) = f(x) + C$

4. $\displaystyle\int x e^{-x^2} \mathrm{d}x = ($ $)$.

A. $e^{-x} + C$

B. $\dfrac{1}{2} e^{-x^2} + C$

C. $-\dfrac{1}{2} e^{-x^2} + C$

D. $-e^{-x^2} + C$

5. $\displaystyle\int \dfrac{\mathrm{d}x}{(4x+1)^{10}} = ($ $)$.

A. $\dfrac{1}{9} \dfrac{1}{(4x+1)^9} + C$

B. $\dfrac{1}{36} \dfrac{1}{(4x+1)^9} + C$

C. $-\dfrac{1}{36} \dfrac{1}{(4x+1)^9} + C$

D. $-\dfrac{1}{36} \dfrac{1}{(4x+1)^{11}} + C$

6. $2\displaystyle\int \sec^2 2x \, \mathrm{d}x = ($ $)$.

A. $\tan 2x + C$

B. $\dfrac{1}{2} \tan 2x + C$

C. $\tan^2 x + C$

D. $2\tan x + C$

7. 设 $I = \displaystyle\int (2x - 3)^{10} \mathrm{d}x$,则 $I = ($ $)$.

A. $10\,(2x-3)^9 + C$

B. $20\,(2x-3)^9 + C$

C. $\dfrac{1}{22}\,(2x-3)^{11} + C$

D. $\dfrac{1}{11}\,(2x-3)^{11} + C$

8. $\int \dfrac{\ln x}{x^2} \mathrm{d}x = ($ $)$.

A. $\dfrac{1}{x}\ln x + \dfrac{1}{x} + C$

B. $-\dfrac{1}{x}\ln x - \dfrac{1}{x} + C$

C. $\dfrac{1}{x}\ln x - \dfrac{1}{x} + C$

D. $-\dfrac{1}{x}\ln x + \dfrac{1}{x} + C$

二、填空题

1. 不定积分 $\int \left(1 - \dfrac{1}{x^2}\right) \sqrt{x\sqrt{x}}\,\mathrm{d}x = $ _____.

2. 不定积分 $\int \cos(3x - 5)\mathrm{d}x = $ _____.

3. 不定积分 $\int \dfrac{x^2}{1 + x^2}\mathrm{d}x = $ _____.

4. 不定积分 $\int \sin^2 x\,\mathrm{d}x = $ _____.

5. 不定积分 $\int \dfrac{3}{(1 + 3x)^2}\mathrm{d}x = $ _____.

6. 一曲线通过点 $(e^2, 3)$，且在任一点处的切线斜率等于该点的横坐标的倒数，则该曲线的方程为 _____.

7. 设 $\int f(x)\mathrm{d}x = \dfrac{1}{6}\ln(3x^2 - 1) + C$，则 $f(x) = $ _____.

8. 不定积分 $\int te^{-2t}\mathrm{d}t = $ _____.

三、求下列不定积分

1. $\int \sqrt{x \sqrt{x\sqrt{x}}}\,\mathrm{d}x$

2. $\int \tan^3 x \sec x\,\mathrm{d}x$

3. $\int \dfrac{\ln^5 x}{x}\mathrm{d}x$

4. $\int \dfrac{1}{\sin^2 x \cos^2 x}\mathrm{d}x$

5. $\int \dfrac{6\mathrm{d}x}{(1 - 2x)^2}$

6. $\int \dfrac{\sqrt[3]{x}}{x(\sqrt{x} - \sqrt[3]{x})}\mathrm{d}x$

7. $\int xe^{5x}\mathrm{d}x$

8. $\int e^{\sqrt[3]{x}}\mathrm{d}x$

第五章　定积分及其应用

学习目标

【知识目标】

(1)理解定积分概念和几何意义,掌握定积分的基本性质.

(2)理解变上限积分函数的概念,掌握变上限积分函数的求导方法.

(3)掌握牛顿—莱布尼茨(Newton-Leibniz)公式.

(4)掌握定积分的换元积分法和分部积分法.

*(5)了解广义积分的概念及其敛散性.

(6)掌握定积分在几何、经济方面的简单应用.

【技能目标】

(1)熟练运用牛顿—莱布尼茨公式计算定积分.

(2)会利用换元积分法、分部积分法求定积分.

*(3)会判断广义积分的敛散性.

(4)会利用定积分计算平面图形的面积及旋转体的体积.

(5)会利用定积分解决经济上的简单应用问题.

微积分学的创立,极大地推动了数学的发展,过去很多初等数学束手无策的问题,运用微积分,往往迎刃而解,显示出微积分学的非凡威力.定积分是微积分的重要内容之一,在几何、物理、工程技术、经济学等诸多领域都有广泛的应用.不论在理论上还是实际应用上,定积分都有着十分重要的意义.本章从实际问题出发,引出定积分的概念,然后介绍定积分的性质与定积分的计算方法,最后讨论定积分在几何、经济上的简单应用.

5.1 定积分的概念与性质

5.1.1 定积分的引入

情境 1 (电厂冷却塔)如图 5-1、图 5-2 所示,电厂冷却塔的外形是双曲线的一部分绕其中轴(即双曲线的虚轴)旋转所成的曲面,如何计算其轴截面的面积?

情境 2 (长江三峡溢流坝)举世瞩目的长江三峡溢流坝(图 5-3),其坝段断面溢流曲线弧形状如图 5-4 所示.要建造这样的大坝自然要根据它的体积备料,计算它的体积就需要尽可能准确的计算出其断面面积.

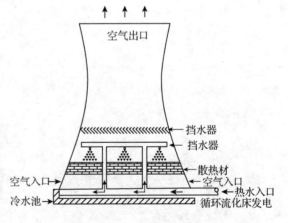

图 5-1　电厂双曲冷却塔

图 5-2　双曲冷却塔结构示意图

图 5-3

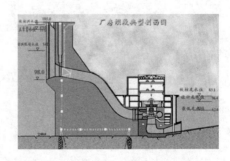

图 5-4

现实生活中还有许多类似这样不规则的平面图形面积的计算问题. 在初等数学中我们学习了求规则的平面图形(如矩形、梯形等多边形)的面积问题. 对于不规则的平面图形该如何求它们的面积呢? 下面先解决一种特殊的平面图形——曲边梯形的面积.

1) 曲边梯形的面积

所谓的曲边梯形是指如图 5-5 所示图形,它的三边是直线段,其中有两条直线段垂直于第三条直线段(第三条直线段称为底边),而第四条曲线边称为曲边. 如果我们要计算如图 5-6 所示的一般曲线所围成的图形的面积,可以先计算曲边梯形的面积.

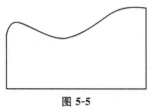

图 5-5

图 5-6

在直角坐标系中,设曲边梯形由连续曲线 $y=f(x)$ $(f(x)>0)$,直线 $x=a$、$x=b$ 及 x 轴所围成的(图 5-7). 如何求该曲边梯形的面积 A 呢?

我们已经学习了求规则的平面图形(矩形、梯形等)面积的方法. 设想沿着与 y 轴平行的方向将曲边梯形分割成 n 个 小曲边梯形,考虑到矩形面积较梯形面积方便求得,

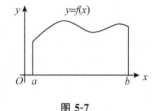

图 5-7

我们采取"以直代曲"的方法,将每个小曲边梯形的面积用矩形的面积近似替代,从而 n 个矩形的面积之和即为曲边梯形的面积 A 的近似值,分割越细,误差越小,分割无限细,误差无限小. 于是当所有小曲边梯形的宽度趋于零时,小矩形面积之和的极限,便是所求曲边梯形面积的精确值.

具体分析求导的步骤如下:

(1) 分割

任取分点

$$a=x_0<x_1<x_2<\cdots<x_{n-1}<x_n=b$$

把底边区间 $[a,b]$ 分成 n 个小区间 $[x_0,x_1]$,$[x_1,x_2]$,$\cdots$,$[x_{n-1},x_n]$,小区间的长度记为

$$\Delta x_i=x_i-x_{i-1} \quad (i=1,2,\cdots,n)$$

过每个分点 x_i 作 x 轴的垂线,把曲边梯形分成 n 个小曲边梯形,如图 5-8 所示. 用 ΔA_i 表示第 i 个小曲边梯形的面积,则有

$$A=\Delta A_1+\Delta A_2+\cdots+\Delta A_n=\sum_{i=1}^{n}\Delta A_i$$

(2)取近似

在每个小区间 $[x_{i-1},x_i]$ 上任取一点 $\xi_i(x_{i-1}$ $\leqslant\xi_i\leqslant x_i)$，以 $f(\xi_i)$ 为高、Δx_i 为宽的小矩形的面积近似代替小曲边梯形的面积 ΔA_i，即

$$\Delta A_i\approx f(\xi_i)\Delta x_i(i=1,2,\cdots,n)$$

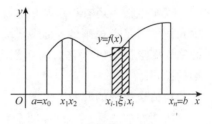

图 5-8

(3)求和

把 n 个小矩形面积相加，就得到曲边梯形面积 A 的近似值为

$$A=\sum_{i=1}^{n}\Delta A_i\approx\sum_{i=1}^{n}f(\xi_i)\Delta x_i$$

(4)取极限

为了保证每一个 $\Delta x_i(i=1,2,\cdots,n)$ 都无限小，要求小区间的长度中的最大值

$$\lambda=\max\{\Delta x_1,\Delta x_2,\cdots,\Delta x_n\}$$

趋于零，此时和式 $\sum\limits_{i=1}^{n}f(\xi_i)\Delta x_i$ 的极限就是曲边梯形面积 A 的精确值，即

$$A=\lim_{\lambda\to0}\sum_{i=1}^{n}f(\xi_i)\Delta x_i$$

2)变速直线运动的路程

设某物体作变速直线运动，已知速度 $v=v(t)(v(t)>0)$ 是时间 t 的连续函数，求在时间间隔 $[T_1,T_2]$ 上该物体所经过的路程 S.

若物体作匀速直线运动，则路程 $S=v(T_2-T_1)$. 若物体作变速直线运动，则不能直接利用匀速直线运动的路程公式来计算.

对于变速运动来说，如果时间间隔很小，速度变化也很小，在小段时间内，就可以用匀速运动代替变速运动，即"不变代变". 因此，可以采用分割方法，将大的时间段分成许多小时间段，那么，就可算出各部分路程的近似值；再求和，得到整个路程的近似值；最后，当时间间隔无限细分时，总路程的近似值的极限就是所求变速直线运动的路程的精确值.

解决这个问题的思路和步骤与求曲边梯形面积相类似：

(1)分割

任取分点 $T_1=t_0<t_1<t_2<\cdots<t_{i-1}<t_i<\cdots<t_{n-1}<t_n=T_2$，把时间区间 $[T_1,T_2]$ 分成 n 个小区间 $[t_0,t_1],[t_1,t_2],\cdots,[t_{n-1},t_n]$. 每个小区间的长度为

$$\Delta t_i=t_i-t_{i-1}\quad(i=1,2,\cdots,n)$$

(2)取近似

在每个小时间段 $[t_{i-1},t_i]$ 上的运动近似看作匀速，任取时刻 $\xi_i\in[t_{i-1},t_i]$，以该时刻的速度 $v(\xi_i)$ 近似代替小时间段的平均速度，所以该时间段的路程近似为

$$\Delta S_i\approx v(\xi_i)\Delta t_i$$

(3)求和

把 n 个小时间段路程相加,即得总路程 S 的近似值为

$$S = \sum_{i=1}^{n} \Delta S_i \approx \sum_{i=1}^{n} v(\xi_i) \Delta t_i$$

(4)取极限

当 $\lambda = \max\{\Delta t_1, \Delta t_2, \cdots, \Delta t_n\}$ 趋于零时,和式 $\sum\limits_{i=1}^{n} v(\xi_i) \Delta t_i$ 的极限就是总路程 S 的精确值,即

$$S = \lim_{\lambda \to 0} \sum_{i=1}^{n} v(\xi_i) \Delta t_i$$

以上两个实际问题,一个几何问题,一个物理问题,虽然实际意义不同,但解决问题的思想方法和步骤都是一样的,从数量关系上,最后都归结为求一个"和式"的极限. 在处理实际问题中,还有许多问题也可以归结为求这种特定的和式极限 $\lim\limits_{\lambda \to 0} \sum\limits_{i=1}^{n} f(\xi_i) \Delta x_i$. 因此,研究这种和式的极限具有普遍意义,抽象出它们共同的数学特征,我们引出定积分的概念.

5.1.2　定积分的概念

[定义 1]　设函数 $f(x)$ 在区间 $[a,b]$ 上有定义,在区间 $[a,b]$ 上任取分点

$$a = x_0 < x_1 < x_2 < \cdots < x_{i-1} < x_i < \cdots < x_{n-1} < x_n = b$$

将区间 $[a,b]$ 分成 n 个小区间 $[x_{i-1}, x_i](i=1,2,3,\cdots n)$,记每个小区间的长度为

$$\Delta x_i = x_i - x_{i-1} \quad (i = 1,2,3,\cdots n)$$

在每个小区间 $[x_{i-1}, x_i]$ 上任取一点 ξ_i,作乘积 $f(\xi_i) \Delta x_i$ 的和式 $\sum\limits_{i=1}^{n} f(\xi_i) \Delta x_i$,若当 $\lambda = \max\{\Delta x_1, \Delta x_2, \cdots, \Delta x_n\}$ 趋于零时,和式 $\sum\limits_{i=1}^{n} f(\xi_i) \Delta x_i$ 的极限存在(这个极限与区间 $[a,b]$ 的分法及 ξ_i 的取法均无关),则称此极限值为函数 $f(x)$ 在区间 $[a,b]$ 上的定积分,记为 $\int_a^b f(x) \mathrm{d}x$, 即

$$\int_a^b f(x) \mathrm{d}x = \lim_{\lambda \to 0} \sum_{i=1}^{n} f(\xi_i) \Delta x_i$$

其中 $f(x)$ 称为被积函数,$f(x) \mathrm{d}x$ 为被积表达式,x 为积分变量,$[a,b]$ 为积分区间,a、b 分别称为积分下限、积分上限.

有了这个定义,上述两个问题均可用定积分表示为:

①曲边梯形的面积

$$A = \int_a^b f(x) \mathrm{d}x, (f(x) > 0)$$

即曲边梯形的面积表示为以曲边所在的函数 $f(x)$ 为被积函数,底边所在的区间 $[a,$

b]为积分区间的定积分

②变速直线运动的路程

$$S = \int_{T_1}^{T_2} v(t) \, \mathrm{d}t$$

即变速直线运动的路程表示为以速度函数 $v(t)$ 为被积函数,时间区间 $[T_1, T_2]$ 为积分区间的定积分.

注 关于定积分定义的 3 点说明:

① 如果 $\int_a^b f(x)\mathrm{d}x$ 存在,则定积分表示一个确定的常数,它只与被积函数 $f(x)$ 及积分区间 $[a,b]$ 有关,与积分变量选用的字母无关,即

$$\int_a^b f(x)\mathrm{d}x = \int_a^b f(t)\mathrm{d}t = \int_a^b f(u)\mathrm{d}u$$

② 定义中要求积分限 $a < b$,我们补充规定:

当 $a = b$ 时,$\int_a^a f(x)\mathrm{d}x = 0$

当 $a > b$ 时,$\int_b^a f(x)\mathrm{d}x = -\int_b^a f(x)\mathrm{d}x$

③ 定积分的存在性:闭区间上的连续函数,或只有有限个第一类间断点的函数 $f(x)$ 在区间 $[a,b]$ 上的定积分存在(也称可积).

初等函数在定义区间内都是可积的.

为便于记忆定积分的定义,其可概括为"分割,取近似,求和,取极限"四步.

5.1.3 定积分的几何意义

前面讨论的曲边梯形面积问题中可以分析得出:

(1) 当 $f(x) > 0$ 时,定积分 $\int_a^b f(x)\mathrm{d}x$ 表示曲线 $y = f(x)$,直线 $x = a$,$x = b$ 及 x 轴所围成的曲边梯形的面积(图 5-9),即

$$\int_a^b f(x)\mathrm{d}x = A$$

(2) 当 $f(x) \leqslant 0$ 时,图形位于 x 轴下方,则 $-f(x) \geqslant 0$,此时 $-\int_a^b f(x)\mathrm{d}x$ 表示曲边梯形的面积,因此,定积分 $\int_a^b f(x)\mathrm{d}x$ 表示曲边梯形面积的相反数(图 5-10),即

$$\int_a^b f(x)\mathrm{d}x = -A$$

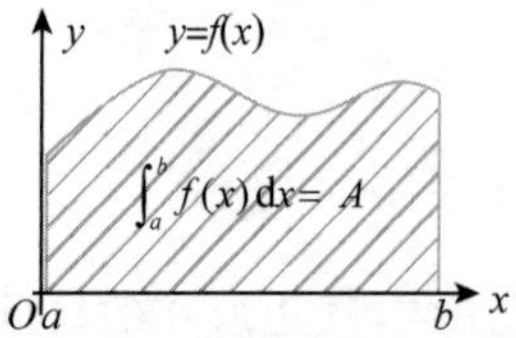

图 5-9

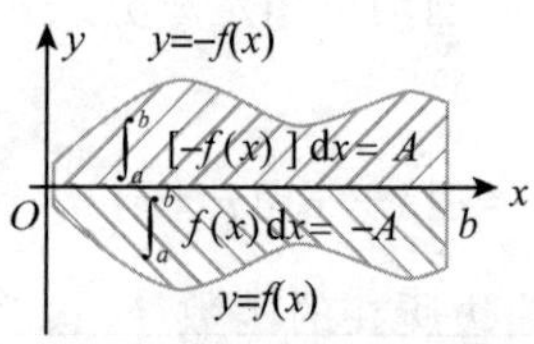

图 5-10

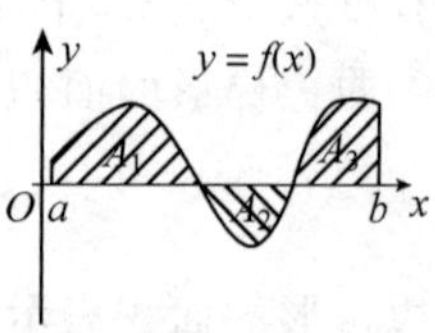

图 5-11

(3) 当 $f(x)$ 有时正有时负时,定积分 $\int_a^b f(x)\mathrm{d}x$ 表示曲边梯形面积的代数和,即在 x 轴上方的图形面积与在 x 轴下方的图形面积之差(图 5-11),即

$$\int_a^b f(x)\mathrm{d}x = A_1 - A_2 + A_3$$

■ **结论**   根据定积分的几何意义和奇偶函数的对称性,容易得到以下重要结论:

① 若 $f(x)$ 在 $[-a,a]$ 上连续且为偶函数,则有(图 5-12)

$$\int_{-a}^a f(x)\mathrm{d}x = 2\int_0^a f(x)\mathrm{d}x$$

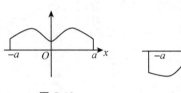

图 5-12   **图 5-13**

② 若 $f(x)$ 在 $[-a,a]$ 上连续且为奇函数,则有(图 5-13)

$$\int_{-a}^a f(x)\mathrm{d}x = 0.$$

利用上述结论,可以对奇、偶函数在关于原点对称区间上的定积分计算提供方便.

例 1 $\int_{-5}^5 \dfrac{x^2\tan x}{x^4 + x^2 + 1}\,\mathrm{d}x$

解   设 $f(x) = \dfrac{x^2\tan x}{x^4 + x^2 + 1}$

因为 $f(-x) = \dfrac{(-x)^2\tan(-x)}{(-x)^4 + (-x)^2 + 1} = -\dfrac{x^2\tan x}{x^4 + x^2 + 1} = -f(x)$

所以函数 $f(x) = \dfrac{x^3\tan x}{x^4 + x^2 + 1}$ 为区间 $[-5,5]$ 上的奇函数.

故 $\int_{-5}^5 \dfrac{x^2\tan x}{x^4 + x^2 + 1}\,\mathrm{d}x = 0$

5.1.4   定积分的性质

为了理论和计算的需要,我们介绍定积分的基本性质(证明从略).

■ **性质**   设函数 $f(x)$ 和 $g(x)$ 在闭区间 $[a,b]$ 上连续.

① 函数的代数和的定积分等于它们定积分的代数和,即

$$\int_a^b [f(x) \pm g(x)]\mathrm{d}x = \int_a^b f(x)\mathrm{d}x \pm \int_a^b g(x)\mathrm{d}x$$

② 被积函数的常数因子可以提到积分号外面,即

$$\int_a^b kf(x)\mathrm{d}x = k\int_a^b f(x)\mathrm{d}x \ (k \text{ 为常数})$$

③（积分区间可加性）对于任意实数 c,总有

$$\int_a^b f(x)\mathrm{d}x = \int_a^c f(x)\mathrm{d}x + \int_c^b f(x)\mathrm{d}x$$

注 无论 c 是区间 $[a,b]$ 的内分点还是外分点,该性质都成立.

④（可比性）在区间 $[a,b]$ 上,若有 $f(x) \leqslant g(x)$（图 5-14）,则

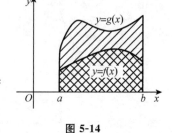

图 5-14

$$\int_a^b f(x)\mathrm{d}x \leqslant \int_a^b g(x)\mathrm{d}x$$

例2 不计算定积分的值,比较下列定积分的大小:

(1) $\int_0^{\frac{\pi}{4}} \sin x\mathrm{d}x$ 与 $\int_0^{\frac{\pi}{4}} \cos x\mathrm{d}x$ *(2) $\int_0^1 e^x\mathrm{d}x$ 与 $\int_0^1 x\mathrm{d}x$

解

(1) 因为 $\sin x \leqslant \cos x, x \in \left[0, \frac{\pi}{4}\right]$

所以

$$\int_0^{\frac{\pi}{4}} \sin x\mathrm{d}x \leqslant \int_0^{\frac{\pi}{4}} \cos x\mathrm{d}x$$

(2) 令 $f(x) = e^x - x$,则 $f'(x) = e^x - 1$,当 $x \geqslant 0$ 时,$f'(x) \geqslant 0$,因此 $f(x)$ 是增函数. 由 $f(x) \geqslant f(0) = 1 > 0$,得 $e^x \geqslant x$,故

$$\int_0^1 e^x\mathrm{d}x \geqslant \int_0^1 x\mathrm{d}x$$

⑤（积分估值性）设 M 与 m 分别为函数 $f(x)$ 在区间 $[a,b]$ 上的最大值和最小值（图 5-15）. 则

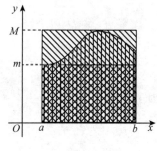

图 5-15

$$m(b-a) \leqslant \int_a^b f(x)\mathrm{d}x \leqslant M(b-a)$$

例3 估计定积分 $\int_0^\pi 2\sin x\mathrm{d}x$ 的值.

解 因为 $0 \leqslant 2\sin x \leqslant 2, x \in [0,\pi]$

所以

$$0(\pi-0) \leqslant \int_0^\pi 2\sin x\mathrm{d}x \leqslant 2(\pi-0)$$

即

$$0 \leqslant \int_0^\pi 2\sin x\mathrm{d}x \leqslant 2\pi$$

⑥（积分中值定理） 若函数 $f(x)$ 在 $[a,b]$ 上连续,则在区间 $[a,b]$ 上至少存在一点 ξ,使得

$$\int_a^b f(x)\mathrm{d}x = f(\xi)(b-a)$$

当 $f(x) \geqslant 0$ 时,这一性质的几何意义是:由曲线 $y = f(x)$,x 轴和直线 $x = a$,$x = b$ 所围成的曲边梯形面积,等于同一底边,高为区间 $[a,b]$ 上某一点 ξ 处的函数值 $f(\xi)$ 的某个矩形的面积(图 5-16).

由性质 ⑥ 可得 $f(\xi) = \dfrac{1}{b-a} \displaystyle\int_a^b f(x)\mathrm{d}x$,称为函数 $f(x)$ 在区间 $[a,b]$ 上的平均值.

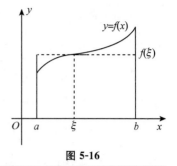

图 5-16

同步练习 5.1

1.由曲线 $y = x^2$ 和两直线 $x = 1$,$x = 2$ 及 x 轴所围成的平面图形的面积用定积分表示为 _____.

2.由曲线 $y = \ln x$ 和两直线 $x = 1$,$x = e$ 及 x 轴所围成的平面图形的面积用定积分表示为 _____.

3.已知 $\displaystyle\int_0^5 f(x)\mathrm{d}x = m$,$\displaystyle\int_5^0 g(x)\mathrm{d}x = n$,则 $\displaystyle\int_0^5 [3f(x) + 2g(x)]\mathrm{d}x =$ _____.

4.利用定积分的几何意义,求定积分 $\displaystyle\int_{-2}^2 \sqrt{4 - x^2}\,\mathrm{d}x$ 的值为 _____.

5.用不等号填空:$\displaystyle\int_{\frac{\pi}{4}}^{\frac{\pi}{2}} \sin x\mathrm{d}x$ _____ $\displaystyle\int_{\frac{\pi}{4}}^{\frac{\pi}{2}} \cos x\mathrm{d}x$.

6.求下列定积分:(1) $\displaystyle\int_{-\frac{\pi}{3}}^{\frac{\pi}{3}} x^4 \sin^3 x\mathrm{d}x$ (2) $\displaystyle\int_{-1}^1 \dfrac{\sin x}{1 + x^6}\mathrm{d}x$

5.2　微积分基本定理

定积分作为一种特定的和式极限,直接利用定积分的定义计算,是十分繁杂的过程. 本节将通过对定积分与被积函数的原函数关系的讨论,探索一种计算定积分的简洁方法.

5.2.1　变上限的定积分

首先介绍一类函数 —— 变上限积分函数.

设函数 $f(x)$ 在闭区间 $[a,b]$ 上连续,且 $x \in [a,b]$,则 $f(x)$ 在闭区间 $[a,x]$ 上也连续,于是积分 $\displaystyle\int_a^x f(x)\mathrm{d}x$ 是一个定值. 这种写法的不方便之处在于,x 既表示积分上限,又表示积分变量. 由于定积分与积分变量选用的字母无关,为避免混淆,把积分变量改写成 t,即 $\displaystyle\int_a^x f(t)\mathrm{d}t$.

当 x 在区间 $[a,b]$ 上变化时,积分 $\int_a^x f(t)\mathrm{d}t$ 的值随 x 的变化而变化,是上限 x 的函数,记为 $\varphi(x)$,即

$$\varphi(x) = \int_a^x f(t)\mathrm{d}t, x \in [a,b]$$

通常称 $\varphi(x)$ 为积分上限函数,也称为变上限定积分.

[定理1] 如果函数 $f(x)$ 在区间 $[a,b]$ 上连续,则变上限积分 $\varphi(x) = \int_a^x f(t)\mathrm{d}t$ 在区间 $[a,b]$ 上可导,其导数等于被积函数在积分上限 x 处的值. 即

$$\varphi'(x) = \frac{d}{\mathrm{d}x}\left[\int_a^x f(t)\mathrm{d}t\right] = f(x) \quad (证明略)$$

由定理1可知:如果函数 $f(x)$ 在区间 $[a,b]$ 上连续,则变上限积分 $\varphi(x) = \int_a^x f(t)\mathrm{d}t$ 就是 $f(x)$ 在区间 $[a,b]$ 上的一个原函数. 从而有如下推论:

■ **推论** 连续函数的原函数一定存在.

例1 求下列函数的导数:

(1) $\varphi(x) = \int_0^x t\tan t^2 \mathrm{d}t$ (2) $\varphi(x) = \int_0^{x^3} t\tan t^2 \mathrm{d}t$ (3) $\varphi(x) = \int_{x^3}^0 \tan t^2 \mathrm{d}t$

解

(1) $\varphi'(x) = \dfrac{d}{\mathrm{d}x}\displaystyle\int_0^x t\tan t^2 \mathrm{d}t = x\tan x^2$

(2) 这里 $\varphi(x)$ 是 x 的复合函数,其中中间变量 $u = x^3$,所以按复合函数求导法则,于是有

$$\varphi'(x) = \frac{d}{\mathrm{d}x}\int_0^{x^3} t\tan t^2 \mathrm{d}t = \frac{d}{\mathrm{d}u}\int_0^u t\tan t^2 \mathrm{d}t \cdot (x^3)' = x^3\tan x^6 \cdot 3x^2 = 3x^5\tan x^6$$

(3) $\dfrac{d}{\mathrm{d}x}\displaystyle\int_{x^3}^0 t\tan t^2 \mathrm{d}t = \dfrac{d}{\mathrm{d}x}\left[-\int_0^{x^3} t\tan t^2 \mathrm{d}t\right] = -3x^5\tan x^6$

例2 求 $\lim\limits_{x \to 0^+} \dfrac{\displaystyle\int_0^x t\cos t^2 \mathrm{d}t}{x^2}$.

解 当 $x \to 0$ 时,$\int_0^x t\cos t^2 \mathrm{d}t \to 0$,$x^2 \to 0$,属于 "$\dfrac{0}{0}$" 型不定式,可用洛必达法则求极限,于是

$$\lim_{x \to 0^+} \frac{\displaystyle\int_0^x t\cos t^2 \mathrm{d}t}{x^2} = \lim_{x \to 0^+} \frac{\left[\displaystyle\int_0^x t\cos t^2 \mathrm{d}t\right]'}{(x^2)'} = \lim_{x \to 0^+} \frac{x\cos x^2}{2x} = \lim_{x \to 0^+} \frac{\cos x^2}{2} = \frac{1}{2}$$

5.2.2 牛顿 - 莱布尼兹(Newton-Leibniz) 公式

[定理2] 设函数 $f(x)$ 在闭区间 $[a,b]$ 上连续,$F(x)$ 是 $f(x)$ 的一个原函数,则有

$$\int_a^b f(x)\mathrm{d}x = F(b) - F(a) \tag{5-1}$$

证明　由定理 1 可知，变上限积分 $\varphi(x) = \displaystyle\int_a^x f(t)\mathrm{d}t$ 是 $f(x)$ 的一个原函数，又 $F(x)$ 也是 $f(x)$ 的一个原函数，于是

$$F(x) = \varphi(x) + C, \varphi(a) = \int_a^a f(t)\mathrm{d}t = 0$$

又

$$F(b) = \varphi(b) + C, F(a) = \varphi(a) + C = C$$

所以

$$F(b) - F(a) = \varphi(b) = \int_a^b f(t)\mathrm{d}t = \int_a^b f(x)\mathrm{d}x$$

为了计算方便，我们通常把 $F(b) - F(a)$ 记为 $F(x)\big|_a^b$ 或 $\big[F(x)\big]_a^b$. 所以式(5-1)又可写成

$$\int_a^b f(x)\mathrm{d}x = F(x)\big|_a^b = F(b) - F(a)$$

定理 2 通常称为微积分基本定理，式(5-1)称为牛顿 — 莱布尼兹公式. 这一定理揭示了定积分与被积函数的原函数或不定积分的联系，把定积分与不定积分两个不同的概念联系起来，解决了定积分的计算问题. 式(5-1)可叙述为：定积分的值等于其被积函数的一个原函数在积分上、下限的增量. 它为定积分的计算找到了一条简洁的途径.

例 3　计算下列定积分：

(1) $\displaystyle\int_0^2 (2x - 5)\mathrm{d}x$　　　　　　(2) $\displaystyle\int_1^4 \sqrt{x}\,\mathrm{d}x$

(3) $\displaystyle\int_1^2 \frac{(1-x)^2}{x}\mathrm{d}x$　　　　　(4) $\displaystyle\int_1^e \frac{1+\ln x}{x}\mathrm{d}x$

解

(1) $\displaystyle\int_0^2 (2x-5)\mathrm{d}x = (x^2 - 5x)\big|_0^2 = 2^2 - 10 = -6$

(2) $\displaystyle\int_1^4 \sqrt{x}\,\mathrm{d}x = \frac{2}{3}x^{\frac{3}{2}}\big|_1^4 = \frac{2}{3}(4^{\frac{3}{2}} - 1) = \frac{14}{3}$

(3) $\displaystyle\int_1^2 \frac{(1-x)^2}{x}\mathrm{d}x = \int_1^2 \frac{1-2x+x^2}{x}\mathrm{d}x = \int_1^2 \left(\frac{1}{x} - 2 + x\right)\mathrm{d}x$

$$= \left(\ln x - 2x + \frac{1}{2}x^2\right)\bigg|_1^2 = \ln 2 - \frac{1}{2}.$$

(4) $\displaystyle\int_1^e \frac{1+\ln x}{x}\mathrm{d}x = \int_1^e \frac{1}{x}\mathrm{d}x + \int_1^e \frac{\ln x}{x}\mathrm{d}x = (\ln|x|)\big|_1^e + \int_1^e \ln x\,\mathrm{d}\ln x$

$$= (\ln e - \ln 1) + (\frac{1}{2}\ln^2 x)\big|_1^e = 1 + \frac{1}{2}(\ln^2 e - \ln^2 1) = \frac{3}{2}$$

当被积函数中含绝对值符号时，被积函数一般在积分区间上为分段函数，计算分段函数的定积分必须分段积分.

例 4 计算 $\displaystyle\int_{-2}^{6} |4-2x|\,\mathrm{d}x$

解

$$
\begin{aligned}
\int_{-2}^{6} |4-2x|\,\mathrm{d}x &= \int_{-2}^{2} |4-2x|\,\mathrm{d}x + \int_{2}^{6} |4-2x|\,\mathrm{d}x \\
&= \int_{-2}^{2} (4-2x)\,\mathrm{d}x + \int_{2}^{6} (2x-4)\,\mathrm{d}x \\
&= (4x-x^2)\big|_{-2}^{2} + (x^2-4x)\big|_{2}^{6} = 32
\end{aligned}
$$

例 5 已知 $f(x)=\begin{cases} x+1 & -1 \leqslant x \leqslant 0 \\ \sqrt{x} & 0 < x \leqslant 1 \end{cases}$，求定积分 $\displaystyle\int_{-1}^{1} f(x)\,\mathrm{d}x$.

解

$$
\int_{-1}^{1} f(x)\,\mathrm{d}x = \int_{-1}^{0} (x+1)\,\mathrm{d}x + \int_{0}^{1} \sqrt{x}\,\mathrm{d}x = \left(\frac{1}{2}x^2 + x\right)\bigg|_{-1}^{0} + \frac{2}{3}x^{\frac{3}{2}}\bigg|_{0}^{1} = \frac{7}{6}
$$

同步练习 5. 2

1. 计算下列定积分：

(1) $\displaystyle\int_{0}^{1} (x^3 + e^x)\,\mathrm{d}x$ 　　　　(2) $\displaystyle\int_{1}^{2} \frac{x^2 - x + 1}{x}\,\mathrm{d}x$

(3) $\displaystyle\int_{1}^{4} \frac{1}{x^2\sqrt{x}}\,\mathrm{d}x$ 　　　　(4) $\displaystyle\int_{0}^{1} |2x-1|\,\mathrm{d}x$

(5) $\displaystyle\int_{-1}^{1} (2x+1)^3\,\mathrm{d}x$ 　　　　(6) $\displaystyle\int_{-\frac{\pi}{2}}^{\frac{\pi}{2}} \cos^2 x\,\mathrm{d}x$

(7) $\displaystyle\int_{0}^{\frac{\pi}{2}} \cos x \sin^2 x\,\mathrm{d}x$ 　　　　(8) $\displaystyle\int_{0}^{1} xe^{x^2}\,\mathrm{d}x$

(9) 设 $f(x)=\begin{cases} 2x, & x \leqslant 0 \\ e^x, & x > 0 \end{cases}$，求 $\displaystyle\int_{-1}^{1} f(x)\,\mathrm{d}x$.

2. 计算下列各题：

(1) $\displaystyle\frac{d}{\mathrm{d}x}\int_{0}^{x} t^2 \tan t\,\mathrm{d}t$ 　　　　(2) $\displaystyle\frac{d}{\mathrm{d}x}\int_{0}^{x^2} t^2 e^{3t}\,\mathrm{d}t$

(3) $\displaystyle\left(\int_{x}^{1} \sqrt{e^t + \sin t}\,\mathrm{d}t\right)'$ 　　　　(4) $\displaystyle\left(\int_{t}^{2} t^2 \sqrt{9-t^2}\,\mathrm{d}t\right)'$

3. 计算极限：

(1) $\displaystyle\lim_{x\to 0^+} \frac{\displaystyle\int_{0}^{x} \sin t^2\,\mathrm{d}t}{x^3}$ 　　　　*(2) $\displaystyle\lim_{x\to 0} \frac{\displaystyle\int_{1}^{\cos x} e^{-t^2}\,\mathrm{d}t}{x^2}$

5.3　定积分的积分法

与不定积分的基本积分法相对应，定积分也有相应的换元积分法和分部积分法. 但最终的计算离不开牛顿‐莱布尼兹公式.

5.3.1 定积分的换元积分法

[定理3] 设函数 $f(x)$ 在 $[a,b]$ 上连续,函数 $x = \varphi(t)$ 在区间 $[\alpha,\beta]$(或 $[\beta,\alpha]$)上单调且有连续导数 $\varphi'(t)$,当 t 在 $[\alpha,\beta]$ 上变化时,$\varphi(t)$ 在 $[a,b]$ 上变化,且 $\varphi(\alpha) = a$,$\varphi(\beta) = b$,则

$$\int_a^b f(x)\mathrm{d}x = \int_\alpha^\beta f[\varphi(t)]\varphi'(t)\mathrm{d}t \tag{5-2}$$

式(5-2)称为定积分的换元公式.

注　因为积分区间是积分变量的取值范围,引入新的积分变量换元时,其取值范围也应随之变换.因此,在使用定积分的换元法时,积分的上下限要作相应的变换,(新)上限对(原)上限,(新)下限对(原)下限,做到"换元换限,对应换限".

定积分的换元法与不定积分的换元法主要区别在于上下限,共同点是换元式都是一样的.

例 1 计算 $\displaystyle\int_0^4 \frac{x+2}{\sqrt{2x+1}}\mathrm{d}x$

解　设 $t = \sqrt{2x+1}$,则 $x = \dfrac{t^2-1}{2}$,$\mathrm{d}x = d(\dfrac{t^2-1}{2}) = t\mathrm{d}t$

当 $x = 0$ 时,$t = 1$;当 $x = 4$ 时,$t = 3$. 从而

$$\int_0^4 \frac{x+2}{\sqrt{2x+1}}\mathrm{d}x = \int_1^3 \frac{\dfrac{t^2-1}{2}+2}{t}t\mathrm{d}t = \frac{1}{2}\int_1^3 (t^2+3)\mathrm{d}t = \frac{1}{2}(\frac{t^3}{3}+3t)\big|_1^3 = \frac{22}{3}$$

例 2 计算 $\displaystyle\int_0^9 \frac{1}{1+\sqrt{x}}\mathrm{d}x$

解　设 $t = \sqrt{x}$,即 $x = t^2$,则 $\mathrm{d}x = d(t^2) = 2t\mathrm{d}t$,当 $x = 0$ 时,$t = 0$;当 $x = 9$ 时,$t = 3$,从而

$$\int_0^9 \frac{1}{1+\sqrt{x}}\mathrm{d}x = \int_0^3 \frac{2t}{1+t}\mathrm{d}t = 2\int_0^3 \frac{t+1-1}{1+t}\mathrm{d}t = 2\int_0^3 (1-\frac{1}{1+t})\mathrm{d}t$$

$$= [2t - 2\ln(1+t)]\big|_0^3 = 6 - 4\ln2$$

例 3 计算 $\displaystyle\int_0^a \sqrt{a^2-x^2}\mathrm{d}x$　$(a > 0)$

解　设 $x = a\sin t(-\dfrac{\pi}{2} \leqslant t \leqslant \dfrac{\pi}{2})$,则 $\mathrm{d}x = a\cos t\mathrm{d}t$,当 $x = 0$ 时,$t = 0$;当 $x = a$ 时,$t = \dfrac{\pi}{2}$,从而

$$\int_0^a \sqrt{a^2-x^2}\mathrm{d}x = a^2\int_0^{\frac{\pi}{2}} \cos^2 t\mathrm{d}t = \frac{a^2}{2}\int_0^{\frac{\pi}{2}} (1+\cos 2t)\mathrm{d}t$$

$$= \frac{a^2}{2}\left[t + \frac{1}{2}\sin 2t\right]_0^{\frac{\pi}{2}} = \frac{\pi a^2}{4}$$

注 用换元积分法计算定积分,如果引入新的变量,"换元换限,对应换限",那么求得关于新变量的原函数后,不必回代,直接将新的积分上下限代入计算就可以了.如果不引入新的变量,那么也就不需要换积分限,直接计算就可以得出结果.

5.3.2 定积分的分部积分法

如果函数 $u = u(x), v = v(x)$ 在 $[a, b]$ 上具有连续导数,则有

$$(uv)' = u'v + uv'$$
$$uv' = (uv)' - u'v$$

上式两边同取 x 由 a 到 b 的定积分,得

$$\int_a^b uv'\mathrm{d}x = \int_a^b (uv)'\mathrm{d}x - \int_a^b u'v\mathrm{d}x$$

即

$$\int_a^b u\mathrm{d}v = uv\,\Big|_a^b - \int_a^b v\mathrm{d}u \tag{5-3}$$

式(5-3)称为定积分的分部积分公式. 当求 $\int_a^b v\mathrm{d}u$ 比求 $\int_a^b u\mathrm{d}v$ 更容易时,常用分部积分法.

例 4 计算 $\int_1^e x\ln x\mathrm{d}x$.

解 $\int_1^e x\ln x\mathrm{d}x = \dfrac{1}{2}\int_1^e \ln x\mathrm{d}x^2 = \dfrac{1}{2}x^2\ln x\,\Big|_1^e - \dfrac{1}{2}\int_1^e x^2 \cdot \dfrac{1}{x}\mathrm{d}x$

$\qquad\qquad\quad = \dfrac{1}{2}e^2 - \dfrac{1}{4}x^2\,\Big|_1^e = \dfrac{1}{4}(e^2 + 1)$

例 5 计算 $\int_0^1 xe^x\mathrm{d}x$.

解

$$\int_0^1 xe^x\mathrm{d}x = \int_0^1 x\mathrm{d}(e^x) = xe^x\,\Big|_0^1 - \int_0^1 e^x\mathrm{d}x = e - e^x\,\Big|_0^1 = 1$$

例 6 计算 $\int_0^\pi x\sin x\mathrm{d}x$.

解

$$\int_0^\pi x\sin x\mathrm{d}x = -\int_0^\pi x\mathrm{d}(\cos x) = -x\cos x\,\Big|_0^\pi + \int_0^\pi \cos x\mathrm{d}x = \pi + \sin x\,\Big|_0^\pi = \pi$$

例 7 计算 $\int_1^e \ln x\mathrm{d}x$.

解

$$\int_1^e \ln x\mathrm{d}x = (x\ln x)\,\Big|_1^e - \int_1^e x\mathrm{d}(\ln x)$$

$$= e - \int_1^e x \cdot \dfrac{1}{x}\mathrm{d}x = e - x\,\Big|_1^e = e - (e - 1) = 1$$

例 8 计算 $\int_0^1 e^{\sqrt{x}} dx$

解 设 $t = \sqrt{x}$,即 $x = t^2$,则 $dx = 2t dt$. 当 $x = 0$ 时, $t = 0$;当 $x = 1$ 时, $t = 1$. 于是

$$\int_0^1 e^{\sqrt{x}} dx = 2\int_0^1 t e^t dt = 2\int_0^1 t de^t = 2(te^t)\Big|_0^1 - 2\int_0^1 e^t dt$$
$$= 2e - 2e^t\Big|_0^1 = 2e - 2(e - 1) = 2$$

同步练习 5.3

1.计算下列定积分:

(1) $\int_0^1 x\sqrt{1 - x^2} dx$　　(2) $\int_1^4 \frac{e^{\sqrt{x}}}{\sqrt{x}} dx$

(3) $\int_0^3 \frac{x}{\sqrt{1+x}} dx$　　*(4) $\int_0^2 \sqrt{4 - x^2} dx$

(5) $\int_1^e x^2 \ln x dx$　　(6) $\int_0^\pi x\cos x dx$

(7) $\int_0^1 x^2 e^x dx$　　(8) $\int_{\frac{1}{e}}^e |\ln x| dx$

*5.4　广义积分

我们前面讨论的定积分都是积分区间为有限区间与有界函数(特别是连续函数).但是在实际问题中,常常遇到无穷区间上的积分,或被积函数为无界函数的积分.本节将运用极限概念,把定积分概念推广,给出广义积分的概念.

5.4.1　无穷区间上的广义积分

[**定义 2**] 设函数 $f(x)$ 在区间 $[a, +\infty)$ 上连续,取 $b > a$,若极限 $\lim\limits_{b \to +\infty} \int_a^b f(x) dx$ 存在,则称此极限为 $f(x)$ 在区间 $[a, +\infty)$ 上的广义积分.记作

$$\int_a^{+\infty} f(x) dx = \lim\limits_{b \to +\infty} \int_a^b f(x) dx \qquad (5\text{-}4)$$

这时也称广义积分 $\int_a^{+\infty} f(x) dx$ 收敛;若上述极限不存在,则称广义积分 $\int_a^{+\infty} f(x) dx$ 发散.

类似地,可以定义函数 $f(x)$ 在 $(-\infty, b]$ 上的广义积分为

$$\int_{-\infty}^b f(x) dx = \lim\limits_{a \to -\infty} \int_a^b f(x) dx \qquad (5\text{-}5)$$

函数 $f(x)$ 在 $(-\infty, +\infty)$ 内的广义积分为

$$\int_{-\infty}^{+\infty} f(x) dx = \int_{-\infty}^c f(x) dx + \int_c^{+\infty} f(x) dx \qquad (5\text{-}6)$$

其中 c 为任意实数(如取 $c = 0$).

在式(5-5)中,若等式右端极限存在,则称广义积分 $\int_{-\infty}^{b} f(x)\mathrm{d}x$ 收敛;否则,称广义积分 $\int_{-\infty}^{b} f(x)\mathrm{d}x$ 发散.

在式(5-6)中,若等式右端的两个极限都存在,则称广义积分 $\int_{-\infty}^{+\infty} f(x)\mathrm{d}x$ 收敛;否则,称广义积分 $\int_{-\infty}^{+\infty} f(x)\mathrm{d}x$ 发散.

上述三种广义积分都称为无穷区间上的广义积分.

例1 计算 $\int_{0}^{+\infty} e^{-x}\mathrm{d}x$.

解

$$\int_{0}^{+\infty} e^{-x}\mathrm{d}x = \lim_{b \to +\infty} \int_{0}^{b} e^{-x}\mathrm{d}x = \lim_{b \to +\infty} (-e^{-x} \mid_{0}^{b}) = \lim_{b \to +\infty} (-e^{-b} + e^{0}) = 1$$

为了书写方便,实际在计算过程中可以省去极限符号,而形式地把 ∞ 当作一个"数",直接用牛顿—莱布尼兹公式的计算格式书写.根据定义,计算上述三种广义积分的步骤可简化为:

(1) 求出被积函数 $f(x)$ 的一个原函数 $F(x)$;

(2) 取极限.即

$$\int_{a}^{+\infty} f(x)\mathrm{d}x = \left[F(x) \right]_{a}^{+\infty} = \lim_{x \to +\infty} F(x) - F(a)$$

$$\int_{-\infty}^{b} f(x)\mathrm{d}x = \left[F(x) \right]_{-\infty}^{b} = F(b) - \lim_{x \to -\infty} F(x)$$

$$\int_{-\infty}^{+\infty} f(x)\mathrm{d}x = \left[F(x) \right]_{-\infty}^{+\infty} = \lim_{x \to +\infty} F(x) - \lim_{x \to -\infty} F(x)$$

例如,例1的计算过程可以写成

$$\int_{0}^{+\infty} e^{-x}\mathrm{d}x = (-e^{-x}) \mid_{0}^{+\infty} = -\lim_{x \to +\infty} e^{-x} + e^{0} = 1$$

例2 计算 $\int_{-\infty}^{-1} \frac{1}{x^2}\mathrm{d}x$.

解

$$\int_{-\infty}^{-1} \frac{1}{x^2}\mathrm{d}x = (-\frac{1}{x}) \mid_{-\infty}^{-1} = 1 + \lim_{x \to -\infty} \frac{1}{x} = 1$$

例3 计算 $\int_{-\infty}^{+\infty} \frac{1}{1+x^2}\mathrm{d}x$.

解

$$\int_{-\infty}^{+\infty} \frac{1}{1+x^2}\mathrm{d}x = \arctan x \mid_{-\infty}^{+\infty} = \lim_{x \to +\infty} \arctan x - \lim_{x \to -\infty} \arctan x$$

$$= \frac{\pi}{2} - (-\frac{\pi}{2}) = \pi$$

5.4.2　无界函数的广义积分

对于积分 $\int_0^1 \ln x \mathrm{d}x$ 我们发现：被积函数 $\ln x$ 在 $x=0$ 处无定义，且 $\lim\limits_{x \to 0^+} \ln x = -\infty$，即函数 $\ln x$ 在区间 $(0,1]$ 上是无界函数，在 $x=0$ 处没有定义．我们把这类积分称为有限区间上无界函数的广义积分．

对于这种积分，可采用缩小积分区间（目的是使被积函数在此闭区间上连续，然后使用牛顿—莱布尼兹公式），无限逼近的方法来计算，即 $\int_0^1 \ln x \mathrm{d}x = \lim\limits_{\varepsilon \to 0^+} \int_{0+\varepsilon}^1 \ln x \mathrm{d}x$．

[定义3]　设函数 $f(x)$ 在区间 $(a,b]$ 上连续，且 $\lim\limits_{x \to a^+} f(x) = \infty$，取 $\varepsilon > 0$．如果极限 $\lim\limits_{\varepsilon \to 0^+} \int_{a+\varepsilon}^b f(x)\mathrm{d}x$ 存在，则称此极限为无界函数 $f(x)$ 在区间 $(a,b]$ 上的广义积分，记作 $\int_a^b f(x)\mathrm{d}x$，且有

$$\int_a^b f(x)\mathrm{d}x = \lim_{\varepsilon \to 0^+} \int_{a+\varepsilon}^b f(x)\mathrm{d}x$$

此时，也称广义积分 $\int_a^b f(x)\mathrm{d}x$ 收敛．如果上述极限不存在，则称广义积分 $\int_a^b f(x)\mathrm{d}x$ 发散．这种广义积分也称为瑕积分，点 a 称为 $f(x)$ 的瑕点．

类似地，若函数 $f(x)$ 在区间 $[a,b)$ 上连续，且 $\lim\limits_{x \to b^-} f(x) = \infty$，取 $\varepsilon > 0$，则定义广义积分 $\int_a^b f(x)\mathrm{d}x$ 为

$$\int_a^b f(x)\mathrm{d}x = \lim_{\varepsilon \to 0^+} \int_a^{b-\varepsilon} f(x)\mathrm{d}x$$

当函数 $f(x)$ 在区间 $[a,b]$ 上除了点 $x=c$ 外连续，且 $\lim\limits_{x \to c} f(x) = \infty$ 时，则定义广义积分 $\int_a^b f(x)\mathrm{d}x$ 为

$$\int_a^b f(x)\mathrm{d}x = \int_a^c f(x)\mathrm{d}x + \int_c^b f(x)\mathrm{d}x = \lim_{\varepsilon \to 0^+} \int_a^{c-\varepsilon} f(x)\mathrm{d}x + \lim_{\varepsilon \to 0^+} \int_{c+\varepsilon}^b f(x)\mathrm{d}x$$

广义积分 $\int_a^b f(x)\mathrm{d}x$ 收敛的充要条件是积分 $\int_a^c f(x)\mathrm{d}x$ 和 $\int_c^b f(x)\mathrm{d}x$ 都收敛（$a < c < b$）．

例4　计算 $\int_0^1 \dfrac{1}{\sqrt{1-x^2}}\mathrm{d}x$．

解　$x=1$ 为被积函数的无穷间断点（又称瑕点）．于是

$$\int_0^1 \frac{1}{\sqrt{1-x^2}}\mathrm{d}x = \lim_{\varepsilon \to 0^+} \int_0^{1-\varepsilon} \frac{1}{\sqrt{1-x^2}}\mathrm{d}x = \lim_{\varepsilon \to 0^+} \left[\arcsin x\right]_0^{1-\varepsilon}$$

$$= \lim_{\varepsilon \to 0^+} [\arcsin(1-\varepsilon) - \arcsin 0] = \frac{\pi}{2}$$

例 5　计算 $\int_0^1 \ln x \mathrm{d}x$

解　$x = 0$ 为被积函数的瑕点. 于是

$$\int_0^1 \ln x \mathrm{d}x = \lim_{\varepsilon \to 0^+} \int_{0+\varepsilon}^1 \ln x \mathrm{d}x = \lim_{\varepsilon \to 0^+} (x \ln x \mid_\varepsilon^1 - \int_\varepsilon^1 x \cdot \frac{1}{x} \mathrm{d}x)$$
$$= \lim_{\varepsilon \to 0^+} (0 - \varepsilon \ln \varepsilon - 1 + \varepsilon) = -1$$

㊟　$\lim_{\varepsilon \to 0^+} \varepsilon \ln \varepsilon = \lim_{\varepsilon \to 0^+} \frac{\ln \varepsilon}{\frac{1}{\varepsilon}} = \lim_{\varepsilon \to 0^+} \frac{\frac{1}{\varepsilon}}{-\frac{1}{\varepsilon^2}} = \lim_{\varepsilon \to 0^+} (-\varepsilon) = 0$（洛必达法则）

例 6　讨论 $\int_{-1}^1 \frac{1}{x} \mathrm{d}x$ 的敛散性.

解　$x = 0$ 为被积函数的瑕点.

因为　　$\int_0^1 \frac{1}{x} \mathrm{d}x = \lim_{\varepsilon \to 0^+} \int_{0+\varepsilon}^1 \frac{1}{x} \mathrm{d}x = \lim_{\varepsilon \to 0^+} [\ln x]_\varepsilon^1 = \lim_{\varepsilon \to 0^+} (\ln 1 - \ln \varepsilon) = \infty$

所以 $\int_0^1 \frac{1}{x} \mathrm{d}x$ 发散,故而 $\int_{-1}^1 \frac{1}{x} \mathrm{d}x$ 发散.

㊉　因为函数 $f(x) = \frac{1}{x}$ 为奇函数,所以 $\int_{-1}^1 \frac{1}{x} \mathrm{d}x = 0$. 这种解法是否正确,为什么?

同步练习 5.4

1.判断下列各广义积分的敛散性,若收敛,求出其值:

(1) $\int_1^{+\infty} \frac{\mathrm{d}x}{x^4}$

(2) $\int_e^{+\infty} \frac{\ln x}{x} \mathrm{d}x$

(3) $\int_{-\infty}^{+\infty} x e^{-x^2} \mathrm{d}x$

(4) $\int_0^1 \frac{1}{\sqrt{x}} \mathrm{d}x$

(5) $\int_1^2 \frac{\mathrm{d}x}{x \ln x}$

(6) $\int_0^1 \frac{1}{x^2} e^{\frac{1}{x}} \mathrm{d}x$

5.5　定积分的应用

　　前几节我们学习了定积分的概念和计算方法. 在此基础上进一步研究其应用. 定积分是一种实用性很强的数学方法,定积分在几何、物理、工程技术、经济学等诸多领域都有广泛的应用,它是解决求不均匀分布的总量问题的数学模型,而微元法是一个将实际问题表示成定积分的重要分析方法.

5.5.1　定积分在几何上的应用

1) 微元法
引例 1　曲边梯形面积

第一节在研究利用定积分思想计算曲边梯形的面积时,采取了"分割,取近似,求和,取极限"四个步骤,在实际中,可将以上的四步概括成关键的两步,具体做法如下:

第一步,分割与取近似. 将区间$[a,b]$细分成无数多个小区间,在每一个小区间$[x,x+\mathrm{d}x]$上,"以直代曲",用矩形面积$f(x)\mathrm{d}x$近似代替小区间$[x,x+\mathrm{d}x]$上的小曲边梯形面积$\Delta A \approx f(x)\mathrm{d}x$(图5-17).

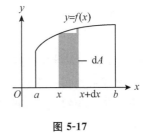

图 5-17

$f(x)\mathrm{d}x$ 称为面积 ΔA 的微元素,简称面积微元. 记作

$$dA = f(x)\mathrm{d}x$$

第二步,求和与取极限. 将所有小面积全部加起来,即

$$A = \sum \Delta A$$

当最大的小区间长度趋于零,上述和式极限即为曲边梯形的面积,也就是函数$f(x)$在区间$[a,b]$上的定积分,即

$$A = \int_a^b f(x)\mathrm{d}x$$

引例 2 游泳池蓄水

设水流到游泳池的速度为$r(T) = 20e^{0.04T}$t/h,其中T为时刻. 试问时间从$T=0$(游泳池存水为0)到$T=2h$这段时间游泳池的蓄水总量W是多少?

第一步,求微元. 取时间区间$[0,2]$上的任一小时间段$[T,T+\mathrm{d}T]$,"以不变代变",将水的流速看成是匀速的,得水量微元

$$\mathrm{d}W = r(T)\mathrm{d}T$$

第二步,求积分. 在时间区间$[0,2]$上无限积累. 即求积分

$$W = \int_0^2 r(T)\mathrm{d}T = \int_0^2 20e^{0.04T}\mathrm{d}T = \frac{20}{0.04}\int_0^2 e^{0.04T}\mathrm{d}0.04T$$

$$= \frac{20}{0.04}e^{0.04T}\Big|_0^2 \approx 40(\mathrm{t})$$

上述方法通常称为累积问题的微元法. 在实际问题中,应用微元法的关键就是所求量的微元表达式.

下面用定积分的微元法讨论几何、经济中的一些简单问题.

2) 平面图形的面积

主要针对直角坐标系下的情形举例说明.

例 1 计算抛物线$y = x^2 - 1$与直线$y = x + 1$所围图形的面积.

解 画出所围图形简图(图5-18),并求曲线交点以确定积分区间:

解方程组$\begin{cases} y = x^2 - 1 \\ y = x + 1 \end{cases}$得交点$(-1,0)$,$(2,3)$.

取x为积分变量,积分区间为$[-1,2]$.

在区间$[-1,2]$上任一小区间$[x,x+\mathrm{d}x]$上的面积微元为$[(1+x) -$

$(x^2 - 1)] \mathrm{d}x$

故所求图形的面积为

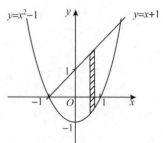

$$A = \int_{-1}^{2} \left[(1+x) - (x^2 - 1) \right] \mathrm{d}x = \int_{-1}^{2} (-x^2 + x + 2) \mathrm{d}x$$

$$= \left(-\frac{1}{3}x^3 + \frac{1}{2}x^2 + 2x \right) \Big|_{-1}^{2} = \frac{9}{2}$$

注 如何把求面积问题转化为求定积分问题,这
是初学者入门的关键,如果我们把面积 A 想象成无数个
垂直于 x 轴的小细条由 $x = -1$ 移动到 $x = 2$ 组成,上端

图 5-18

在 $y_2 = x + 1$ 上,下端在 $y_1 = x^2 - 1$ 上.其垂直小细条的面积近似为 $(y_2 - y_1) \mathrm{d}x$,整
个面积就是所有小细条面积的和,即可用定积分表示出来.

上述求解步骤可归纳为:

① 画出所围图形简图,求曲线交点;

② 选择积分变量,确定积分区间;

③ 写出面积微元;

④ 列出定积分表达式.

例 2 求由曲线 $y^2 = 2x$ 与 $y = x - 4$ 所围成的图形
的面积.

解法一 作出图形,求曲线交点.

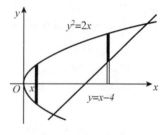

解方程组 $\begin{cases} y^2 = 2x \\ y = x - 4 \end{cases}$ 得交点 $(2, -2), (8, 4)$

如图 5-19 所示,取 x 为积分变量,积分区间为
$[0, 8]$. 在区间 $[0, 8]$ 上任一小区间 $[x, x + \mathrm{d}x]$ 上的面积
微元为

图 5-19

$$\mathrm{d}A_1 = \left[\sqrt{2x} - (-\sqrt{2x}) \right] \mathrm{d}x = 2\sqrt{2x} \mathrm{d}x \quad x \in [0, 2]$$

$$\mathrm{d}A_2 = \left[\sqrt{2x} - (x-4) \right] \mathrm{d}x = (\sqrt{2x} - x + 4) \mathrm{d}x \quad x \in [2, 8]$$

故所求平面图形面积为

$$A = \int_{0}^{2} 2\sqrt{2x} \mathrm{d}x + \int_{2}^{8} (\sqrt{2x} - x + 4) \mathrm{d}x$$

$$= \left(\frac{4\sqrt{2}}{3} x^{\frac{3}{2}} \right) \Big|_{0}^{2} + \left(\frac{2\sqrt{2}}{3} x^{\frac{3}{2}} - \frac{1}{2}x^2 + 4x \right) \Big|_{2}^{8} = 18$$

解法二 如图 5-20 所示,取 y 为积分变量,积分区间为 $[-2, 4]$. 在区间 $[-2, 4]$
上任一小区间 $[y, y + \mathrm{d}y]$ 上的面积微元为

$$\mathrm{d}A = \left(y + 4 - \frac{1}{2}y^2 \right) \mathrm{d}y$$

故所求平面图形面积为

$$A = \int_{-2}^{4} \left(y + 4 - \frac{1}{2}y^2 \right) \mathrm{d}y = \left(\frac{1}{2}y^2 + 4y - \frac{1}{6}y^3 \right) \Big|_{-2}^{4} = 18$$

■ **结论** 比较例 2 的两种解法，容易看出：选择不同的积分变量（x 或 y），相应的积分区间不同，面积微元也不同，难易程度也不尽相同. 显然，解法二较简洁，这表明积分变量的选取有个合理性的问题. 并得到以下 2 个结论：

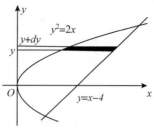

图 5-20

① 设闭区间 $[a,b]$ 上连续曲线 $y = f_1(x)$ 位于连续曲线 $y = f_2(x)$ 的上方，则由这两条曲线及直线 $x = a$，$x = b$ 所围成的平面图形的面积（图 5-21）为

$$A = \int_a^b [f_1(x) - f_2(x)] \mathrm{d}x$$

② 设闭区间 $[c,d]$ 上连续曲线 $x = \varphi_1(y)$ 位于连续曲线 $x = \varphi_2(y)$ 的右方，则由这两条曲线及直线 $y = c$，$y = d$ 所围成的平面图形的面积（图 5-22）为

$$A = \int_c^d [\varphi_1(y) - \varphi_2(y)] \mathrm{d}y$$

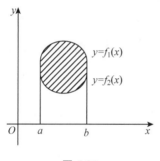

图 5-21

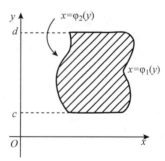

图 5-22

3）旋转体的体积

旋转体就是由一个平面图形绕平面内的一条直线旋转一周所成的几何体. 这条直线称为旋转轴. 如矩形绕它的一条边旋转一周就得到圆柱体，直角三角形绕它的一条直角边旋转一周即得到圆锥体等.

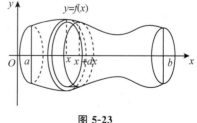

图 5-23

设一旋转体由曲线 $y = f(x)$，$(f(x) \geqslant 0)$，直线 $x = a$，$x = b(a < b)$ 及 x 轴所围成的曲边梯形绕 x 轴旋转一周所成的旋转体（图 5-23）. 可以利用定积分计算它的体积 V_x.

取 x 为积分变量，积分区间为 $[a,b]$. 区间 $[a,b]$ 上任取一小区间 $[x, x + \mathrm{d}x]$，在此小区间上的几何体图形的体积，可由以 $f(x)$ 为半径、$\mathrm{d}x$ 为高的圆柱体的体积近似替代，即体积微元为

$$\mathrm{d}V = \pi y^2 \mathrm{d}x = \pi [f(x)]^2 \mathrm{d}x$$

所以该旋转体的体积 V_x 为

$$V_x = \pi \int_a^b y^2 \mathrm{d}x = \pi \int_a^b f^2(x) \mathrm{d}x$$

类似地可求,由线 $x = \varphi(y)$ 及直线 $y = c, y = d(c < d)$ 及 y 轴所围成的曲边梯形绕 y 轴旋转一周所成的旋转体体积 V_y 为

$$V_y = \pi \int_c^d x^2 \mathrm{d}y = \pi \int_c^d \varphi^2(y) \mathrm{d}y$$

例 3 由曲线 $y = x^2$ 及直线 $x = 2, y = 0$ 所围成的平面图形(图 5-24).求解:

(1) 该平面图形绕 x 轴旋转一周所得的旋转体的体积;

(2) 该平面图形绕 y 轴旋转一周所得的旋转体的体积.

解

(1) 取 x 为积分变量,积分区间为 $[0,2]$,体积微元为
$$\mathrm{d}V = \pi y^2 \mathrm{d}x = \pi (x^2)^2 \mathrm{d}x = \pi x^4 \mathrm{d}x$$

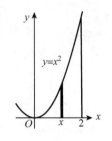

图 5-24

故所求旋转体的体积为

$$V_x = \pi \int_0^2 y^2 \mathrm{d}x = \pi \int_0^2 x^4 \mathrm{d}x = \frac{\pi}{5} x^5 \Big|_0^2 = \frac{32}{5}\pi$$

(2) 所求旋转体体积为圆柱体的体积减去中间杯状体的体积(图 5-25).

取 y 为积分变量,积分区间为 $[0,4]$,体积微元为

$$\mathrm{d}V = \pi 2^2 \mathrm{d}y - \pi \sqrt{y}^2 \mathrm{d}y = \pi (2^2 - \sqrt{y}^2) \mathrm{d}y = \pi (4 - y) \mathrm{d}y$$

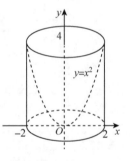

故所求旋转体的体积为

$$V_y = \pi \int_0^4 (4 - y) \mathrm{d}y = \pi \left(4y - \frac{1}{2}y^2\right) \Big|_0^4 = 8\pi$$

例 4 计算椭圆 $\dfrac{x^2}{a^2} + \dfrac{y^2}{b^2} = 1$ 所围成的图形绕 x 轴旋转而成的旋转体体积。

图 5-25

解 这个旋转体可看作是由上半个椭圆 $y = \dfrac{b}{a} \sqrt{a^2 - x^2}$ 及 x 轴所围成的图形绕 x 轴旋转一周所形成的几何体(图 5-26).

取 x 为积分变量,积分区间为 $[-a, a]$,体积微元为

$$\mathrm{d}V = \pi y^2 \mathrm{d}x = \frac{\pi b^2}{a^2}(a^2 - x^2)\mathrm{d}x$$

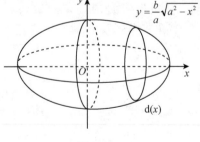

图 5-26

故所求旋转体的体积为

$$V_x = \pi \int_{-a}^a y^2 \mathrm{d}x = \frac{\pi b^2}{a^2} \int_{-a}^a (a^2 - x^2)\mathrm{d}x$$

$$= \frac{2\pi b^2}{a^2}(a^2 x - \frac{1}{3}x^3)\Big|_0^a = \frac{4}{3}\pi ab^2$$

如果令 $a = b = R$，就得到半径为 R 的球的体积公式为

$$V = \frac{4}{3}\pi R^3$$

注 在求平面图形绕 x 轴（或 y 轴）旋转的旋转体的体积时，一般选择 x（或 y）作为积分变量，另一个变量作为半径，积分区间即为旋转体高所在区间. 同时要注意旋转体是否含有空心部分，若不含空心部分，其薄片面积为圆的面积；若含有空心部分，其薄片面积为圆环的面积，薄片厚度为 $\mathrm{d}x$（或 $\mathrm{d}y$），然后列定积分表达式即得到旋转体的体积.

5.5.2 定积分在经济上的应用

在经济学中经常会遇到已知变化率求总量的问题，如已知边际成本求总成本，已知边际利润求总利润. 当已知边际函数，求总量函数或总量函数在某个范围内的总量时，可以利用定积分来解决. 下面举例说明.

例 5 已知生产某产品 x 百台的边际成本函数和边际收入函数分别为

$$C'(x) = 3 + \frac{1}{2}x（万元 / 百台）; R'(x) = 9 - x（万元 / 百台）.$$ 若固定成本为 2 万元，

求总成本函数 $C(x)$、总收入函数 $R(x)$ 和总利润函数 $L(x)$.

解 因为总成本为固定成本与可变成本之和，所以总成本函数为

$$C(x) = C(0) + \int_0^x C'(x)\mathrm{d}x = C(0) + \int_0^x (3 + \frac{x}{2})\mathrm{d}x = 2 + 3x + \frac{1}{4}x^2（万元）$$

因为产量为零时，没有收入，即 $R(0) = 0$，所以总收入函数为

$$R(x) = \int_0^x R'(x)\mathrm{d}x = \int_0^x (9 - x)\mathrm{d}x = 9x - \frac{1}{2}x^2（万元）$$

因为总利润为总收入与总成本之差，故总利润函数 $L(x)$ 为

$$L(x) = R(x) - C(x) = (9x - \frac{1}{2}x^2) - (2 + 3x + \frac{1}{4}x^2) = -2 + 6x - \frac{3}{4}x^2（万元）$$

例 6 已知生产某产品 x 台时，总收益的变化率为 $R'(x) = 100 - 0.02x$（元 / 台）. 求解：

（1）求生产该产品 100 台时的总收益；

（2）如果已经生产了 100 台，求再生产 100 台所增加的收益.

解

（1）生产该产品 100 台时的总收益为

$$R(100) = \int_0^{100} R'(x)\mathrm{d}x = \int_0^{100} (100 - 0.02x)\mathrm{d}x = (100x - 0.01x^2)\Big|_0^{100} = 9900（元）$$

（2）已经生产了 100 台，再生产 100 台所增加的收益为

$$\Delta R = \int_{100}^{200} R'(x)\mathrm{d}x = \int_{100}^{200} (100 - 0.02x)\mathrm{d}x = (100x - 0.01x^2)\Big|_{100}^{200} = 9700（元）$$

例 7 某企业每月生产某种产品 x 单位时,其边际成本函数为 $C'(q) = 5q + 10$(万元),固定成本为 20 万元,边际收益为 $R'(q) = 60$(万元).求解:

(1) 每月生产多少单位产品时,利润最大?

(2) 在利润达到最大时的产量下,再多生产 10 个单位产品,利润将有什么变化?

解

(1) 由已知,边际利润为

$$L'(q) = R'(q) - C'(q) = 60 - (5q + 10) = 50 - 5q, (q > 0)$$

要使利润最大,则有 $L'(q) = 0$,即 $50 - 5q = 0$,解得 $q = 10$. 又 $L''(q) = -5 < 0$,则唯一的驻点 $q = 10$ 即为最大值点. 所以当每月生产 10 个单位产品时利润最大.

(2) 若再多生产 10 个单位产品时,利润变化为

$$\Delta L = \int_{10}^{20} (R' - C') \mathrm{d}q = \int_{10}^{20} (50 - 5q) \mathrm{d}q = \left(50q - \frac{5}{2}q^2\right) \Big|_{10}^{20} = -250$$

所以在利润达到最大时的产量下,再多生产 10 个单位产品,利润将减少 250 万元.

一般地,已知边际函数,求它们的原函数和原函数的增量,有以下常见的情况:

(1) 已知边际成本 $C'(q)$,固定成本 C_0,则总成本函数为

$$C(q) = \int_0^q C'(q) \mathrm{d}q + C_0 \quad \text{或} \quad \begin{cases} C(q) = \int C'(q) \mathrm{d}q \\ C(0) = C_0 \end{cases}$$

当产量由 a 变到 b 时,追加的成本数为

$$\Delta C = \int_a^b C'(q) \mathrm{d}q \quad \text{或} \quad \Delta C = C(b) - C(a)$$

(2) 已知边际收入 $R'(q)$,则总收入函数为

$$R(q) = \int_0^q R'(q) \mathrm{d}q \quad \text{或} \quad \begin{cases} R(q) = \int R'(q) \mathrm{d}q \\ R(0) = 0 \end{cases}$$

当产量由 a 变到 b 时,总收入的增量为

$$\Delta R = \int_a^b R'(q) \mathrm{d}q \quad \text{或} \quad \Delta R = R(b) - R(a)$$

(3) 已知固定成本 C_0,边际利润 $L'(q)$,则总利润函数为

$$L(q) = \int_0^q L'(q) \mathrm{d}q - C_0 \quad \text{或} \quad \begin{cases} L(q) = \int L'(q) \mathrm{d}q \\ L(0) = -C_0 \end{cases}$$

当产量由 a 变到 b 时,总利润的增量为

$$\Delta L = \int_a^b L'(q) \mathrm{d}q \quad \text{或} \quad \Delta L = L(b) - L(a)$$

同步练习 5.5

1.求由下列各曲线所围成平面图形的面积：

(1) $y = 4 - x^2, y = 0$
(2) $y^2 = x, y = x - 2$

(3) $y = x^3, y = x$
(4) $y = \ln x, y$ 轴, $y = \ln 5, y = \ln 3$

2.求曲线 $y = e^x, y = e^{-x}$ 与直线 $x = 1$ 所围成的平面图形的面积.

3.求在区间 $[0, \pi]$ 上曲线 $y = \cos x$ 与 $y = \sin x$ 之间所围成的平面图形的面积.

4.求由下列曲线所围成平面图形绕指定轴旋转所得旋转体的体积：

(1) $y = x^2 - 4, y = 0$, 绕 y 轴
(2) $y = \sin x, x = 0, x = \pi, y = 0$, 绕 x 轴

(3) $y^2 = x, y = x^2$, 绕 x 轴
(4) $\dfrac{x^2}{a^2} + \dfrac{y^2}{b^2} = 1$, 绕 y 轴

(5) $y = x^3, y = 0, x = 2$, 绕 x 轴

5.已知边际成本为 $C'(x) = 100 - 2x$, 求当产量由 $x = 20$ 增加到 $x = 30$ 时,应追加的成本数.

6.已知某产品的边际收益 $R'(x) = 200 - 0.01x \ (x \geqslant 0)$, 其中 x(件) 为产量。求：

(1) 生产了 50 件产品时的总收益;

(2) 若已生产了 50 件产品,再生产 50 件时的总收益.

7.设生产某产品的边际成本为 $C'(q) = 2q - 30$(元),固定成本为 $C(0) = 8$,单位产品价格为 20 元.求：

(1) 产品的总成本函数 $C(q)$;

(2) 每天生产多少单位产品时,总利润最大?最大利润是多少?

(3) 在最大利润的基础上,再生产 10 单位产品,利润会如何变化?

阅读资料五

牛顿、莱布尼茨对微积分建立的贡献

微积分的诞生,是数学史上发生的一件具有划时代意义的事件. 巧合的是,在 17 世纪中叶,牛顿、莱布尼茨两位大数学家分别独自建立起了微积分体系的基础. 牛顿没有及时发表微积分的研究成果,他研究微积分可能比莱布尼茨早一些,但是莱布尼茨所采取的表达形式更加合理,而且关于微积分的著作出版时间也比牛顿早. 历史上关于究竟是谁是微积分的真正奠基人有着很长时间的争论. 目前我们普遍认为是牛顿、莱布尼茨两人分别建立起各自的体系,没有互相交流或抄袭,因此当我们谈起微积分的诞生的时候,牛顿、莱布尼茨两人都占有着举足轻重的地位.

微积分的创立是牛顿最卓越的数学成就. 牛顿为解决运动问题,创立了这种和物理概念直接联系的数学理论,牛顿称之为"流数术". 也就是现在说的微积分. 它所处理的一些具体问题,如切线问题、求积问题、瞬时速度问题以及函数的极大值和极小值问题等,在牛顿之前已经得到人们的研究了,这些问题在微积分诞生前

伊萨克·牛顿

(Isaac Newton,1643—1727 年)

英国物理学家、数学家

戈特弗里德·威廉·莱布尼茨

(Gottfried Wilhelm Leibniz,1646—1716 年)

德国数学家

主要由几何法解决(尤其像切线问题是纯几何问题). 但牛顿超越了前人,他站在了更高的角度,他大胆地采用了在解题层面上远远广于几何法的代数方法. 他的代数方法完全取代了卡瓦列里、巴罗等人的几何法,实现了积分的代数化. 他对以往分散的结论加以综合,将自古希腊以来求解无限小问题的各种技巧统一为两类普通的算法——微分和积分,并确立了这两类运算的互逆关系,从而完成了微积分发明中最关键的一步,为近代科学发展提供了最有效的工具,开辟了数学史上的一个新纪元.

　　然而,牛顿在微积分方面做出巨大贡献的时候,也存在着很大的问题——他的微积分体系实际上还并不健全. 于是他在随后的二十多年里还发表了几篇论文来完善和改进他的微积分学说. 尽管如此,即使牛顿完成微积分的成果比莱布尼茨要早,但现在普遍承认是他们两人共同建立的微积分体系,一个重要原因是现代微积分采用的都是莱布尼茨的符号系统和规则. 牛顿生活在英国,与欧洲大陆分离,与外界交流不如莱布尼茨方便是原因之一,不过更主要原因是牛顿在微积分的一些小细节问题上不如莱布尼兹用心,通俗地说,牛顿太天才了,他建立的符号系统与规则对于他理解与使用没有问题,但对于一般的人来说理解起来有些困难,导致使用不方便. 与牛顿在数学、物理等方面都取得了巨大成就相比,莱布尼茨一生对数学、物理也有不少贡献,不过物理方面显然不能和经典物理学奠基人牛顿相提并论. 但是在数学上,因为微积分的建立,他们还是享有同样高的声誉. 莱布尼茨与牛顿一样,很早便认识到微分与积分互为逆运算,并给出了微积分基本定理,也就是现在人们所说的"牛顿——莱布尼茨公式". 虽然莱布尼茨在提出这个公式接近 20 年后才给出其证明,但是莱布尼茨能大胆提出公式,还是说明他对微积分有着敏锐的嗅觉.

　　经过考证,莱布尼茨所建立的微积分体系与牛顿所建立的流数术本质上是一致的. 然而,牛顿从物理学问题出发,应用了运动学原理,造诣较高. 莱布尼茨从几何问题出发,用分析法引进微积分,得出运算法则,比牛顿的流数术要严密得多.

正如前面所提到的,莱布尼茨之所以被人们记住,一个很重要的原因是我们现在使用的微积分符号系统是莱布尼茨所创立的. 不像牛顿一代大科学家,只要有解决问题的工具就可以使用得得心应手,莱布尼茨深刻地认识到,好的数学符号能节省思维,运用符号的技巧是数学成功的关键之一. 1684 年莱布尼茨发表了数学史上第一篇正式的微积分文献《一种求极限值和切线的新方法》. 这篇文献是他自 1673 年以来的微积分研究的概括与成果,其中定义了微分,广泛地采用了微分符号 dx、dy,还给出了和、差、积、商及乘幂的微分法则. 同时包括了微分法在求切线、极大值、极小值及拐点方面的应用. 两年后,又发表了一篇积分学论文《深奥的几何与不变量及其无限的分析》,其中首次使用积分符号"$\int$",初步论述了积分(或求积)问题与微分求切线问题的互逆问题,即今天大家熟知的牛顿—莱布尼茨公式 $\int_a^b f(x)\,dx = F(b) - F(a)$,为我们勾画了微积分学的基本雏形和发展蓝图. 实践也证明了,莱布尼茨精心选择的微积分符号要比牛顿的更优越,更具有启示性. 这些符号,也是莱布尼茨对微积分建立留下的一个巨大贡献.

牛顿和莱布尼茨共同建立了微积分体系,然而可惜的是,他们并没有进行深入的研究,把微积分弄清楚,更不用说让微积分体系变得严密了. 早期的微积分体系在严密性的缺陷导致了数学史上第二次数学危机的发生,一直到 19 世纪初,以法国数学家柯西为主的科学家在仔细研究了微积分,建立起极限理论后,再在德国数学家威尔斯特拉斯的完善下,使极限理论成为微积分的坚实基础,让微积分理论能继续开展起来,数学才有了灿烂的今天.

本章小结

1) 本章知识结构

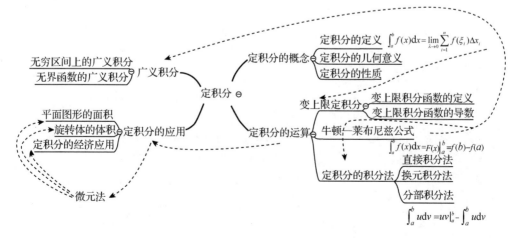

2) 本章重点和难点

（1）重点

① 定积分的概念；

② 牛顿 — 莱布尼兹公式；

③ 定积分的换元积分法和分部积分法；

④ 定积分的几何应用、简单经济应用.

（2）难点

① 定积分的概念；

② 变上限的定积分；

③ 定积分的微元法及其应用.

自测题

（A 组）

一、填空题

1. 用不等号填空：$\int_0^1 x\mathrm{d}x \underline{\hspace{2cm}} \int_0^1 x^2 \mathrm{d}x$.

2. 设放射性物体的分解速度为 $v = v(T)$，用定积分表示放射性物体由时间 T_1 到 T_2 所分解的质量 $m = \underline{\hspace{2cm}}$.

3. 利用定积分的几何意义，定积分 $\int_0^{2\pi} \cos x\mathrm{d}x = \underline{\hspace{2cm}}$.

4. $\int_1^2 (e^x - 2x)\mathrm{d}x = \underline{\hspace{2cm}}$.

5. $\int_{-\pi}^{\pi} x^3 \sin^2 x\mathrm{d}x = \underline{\hspace{2cm}}$.

二、选择题

1. 下列结论错误的是（　　）.

A. $\int_a^a f(x)\mathrm{d}x = 0$ 　　　　　　　B. $\int_a^b f(x)\mathrm{d}x = \int_b^a f(x)\mathrm{d}x$

C. $\int_a^b \mathrm{d}x = b - a$ 　　　　　　　D. $\left(\int_1^e x \sqrt[3]{1-x}\mathrm{d}x\right)' = 0$

2. $\int_{-1}^1 |x|\mathrm{d}x = （　　）$.

A. 0 　　　　　B. 2 　　　　　C. 1 　　　　　D. 不存在

3. 设 $f'(x)$ 连续，则变上限积分 $\int_a^x f(t)\mathrm{d}t$ 是（　　）.

A. $f'(x)$ 的一个原函数 　　　　　B. $f'(x)$ 的全体原函数

C. $f(x)$ 的一个原函数 　　　　　D. $f(x)$ 的全体原函数

4. $\int_0^{+\infty} e^{-x}\mathrm{d}x = （　　）$.

A. 不收敛 　　　　　B. 1 　　　　　C. -1 　　　　　D. 0

5. 曲线 $y = x^2$ 在区间 $[0,2]$ 上的曲边梯形的面积是(　　).

A. $\dfrac{2}{3}$　　　　　　B. $\dfrac{8}{3}$　　　　　　C. 2　　　　　　D. 3

三、计算题

1. $\displaystyle\int_0^1 \frac{x^2}{1+x^2}\,\mathrm{d}x$　　　　2. $\displaystyle\int_1^{e^2} \frac{\mathrm{d}x}{x\sqrt{1+\ln x}}$　　　　3. $\displaystyle\int_1^e x^4 \ln x\,\mathrm{d}x$

4. 设 $f(x) = \begin{cases} \dfrac{x^2}{2} & x < 1 \\ x+1 & x \geqslant 1 \end{cases}$，求 $\displaystyle\int_0^2 f(x)\,\mathrm{d}x$　　　　5. $\displaystyle\lim_{x\to 0} \frac{\int_0^x \tan t^2\,\mathrm{d}t}{x^3}$

四、应用题

1. 设平面图形 D 由抛物线 $y = 1 - x^2$ 和 x 轴围成. 试求：

(1) D 的面积；

(2) D 绕 x 轴旋转所得旋转体的体积；

2. 已知某产品总产量的变化率为时间 t(年) 的函数 $q'(t) = 3t + 6$，求第一个五年和第二个五年的总产量各为多少？

(B 组)

一、判断正误(对的打"√"，错的打"×")

1. 若 $f(x)$ 为 $[a,b]$ 上的连续函数，则 $\varphi(x) = \displaystyle\int_0^x f(t)\,\mathrm{d}t$ 必为 $f(x)$ 在区间 $[a,b]$ 上的一个原函数.　　　　　　　　　　　　　　　　　　　　　　　(　　)

2. 因为 $f(x) = x^3$ 为奇函数，则 $\displaystyle\int_{-\infty}^{+\infty} x^3\,\mathrm{d}x = 0$.　　　　　　　　(　　)

3. 由曲线 $y = \ln x$，y 轴及直线 $y = 1$，$y = 8$ 所围成的平面图形面积可表示为 $\displaystyle\int_1^8 e^y\,\mathrm{d}y$.　(　　)

4. $\dfrac{\mathrm{d}}{\mathrm{d}x}\displaystyle\int_0^{\cos x} \sqrt{1+t^2}\,\mathrm{d}t = \sqrt{1+\cos^2 x}$.　　　　　　　　　　　(　　)

5. $\displaystyle\int_0^2 \frac{\mathrm{d}x}{(1-x)^2} = \left.\frac{1}{1-x}\right|_0^2 = -2$.　　　　　　　　　　　(　　)

二、填空题

1. $\displaystyle\int_{-1}^1 \frac{1-\sin^3 x}{1+x^2}\,\mathrm{d}x = $ _____.

2. $\displaystyle\int_1^3 \frac{1}{\sqrt{x}(1+x)}\,\mathrm{d}x = $ _____.

3. $\displaystyle\int_1^{+\infty} \frac{1}{x^2}\,\mathrm{d}x = $ _____.

4. 已知某产品边际收益为 $R(q) = 100 - 2q$，q 为产量，则产量由 10 单位增加到 20 单位，总收益增加了 _____.

三、选择题

1. $\displaystyle\int_{-\frac{\pi}{2}}^{\frac{\pi}{2}} |\sin x|\,\mathrm{d}x = $ (　　).

A. 2　　　　　　B. π　　　　　　C. $\dfrac{\pi}{2}$　　　　　　D. 0

2. 已知 $\int_0^x f(t)\mathrm{d}t = \ln(2+e^x)$，则 $f(x) = ($ $).$

A. $\dfrac{1}{2+e^x}$ B. $\dfrac{2}{2+e^x}$ C. $\dfrac{e^2}{2+e^x}$ D. $\dfrac{e^x}{2+e^x}$

3. 下列广义积分收敛的有（   ）.

A. $\int_1^{+\infty} \sin x\,\mathrm{d}x$ B. $\int_1^{+\infty} \dfrac{1}{\sqrt{x}}\,\mathrm{d}x$ C. $\int_0^1 \ln x\,\mathrm{d}x$ D. $\int_1^2 \dfrac{\mathrm{d}x}{x\ln x}$

4. 曲线 $y = \dfrac{1}{x}, y = x, x = 2$ 所围成图形的面积是（   ）.

A. $\int_1^2 (\dfrac{1}{x} - x)\mathrm{d}x$ B. $\int_1^2 (x - \dfrac{1}{x})\mathrm{d}x$ C. $\int_1^2 (\dfrac{1}{y} - y)\mathrm{d}y$ D. $\int_1^2 (y - \dfrac{1}{y})\mathrm{d}y$

四、计算题

1. $\int_0^1 \dfrac{e^x}{e^x + 1}\mathrm{d}x$ 2. $\int_0^3 \dfrac{x}{1 + \sqrt{1+x}}\mathrm{d}x$ 3. $\int_0^{\frac{\pi}{2}} e^x \cos x\,\mathrm{d}x$

4. 设 $f(x) = \begin{cases} e^{-x} & -1 \leqslant x \leqslant 1 \\ \ln x & 1 \leqslant x \leqslant 2 \end{cases}$，求 $\int_0^2 f(x)\mathrm{d}x$ 5. $\int_0^{+\infty} xe^{-x}\mathrm{d}x$

五、应用题

1. 已知由抛物线 $y^2 = 2x$ 与直线 $y = x$ 所围成的图形面积为 $D.$

（1）求图形面积为 D；

（2）求该平面图形绕 y 轴旋转一周所得旋转体的体积.

2. 设某产品的总成本函数 C（万元）的变化率是产量 q（百台）的函数 $C'(q) = 6 + q$，固定成本为 5 万元，总收入函数 R（万元）的变化率也是产量 q 的函数 $R'(q) = 12 - q$. 求：

（1）产量从 1（百台）增加到 3（百台）时，总成本与总收入各增加多少？

（2）产量为多少时，总利润 $L(q)$ 最大？并求最大利润；若在最大利润的基础上再生产 1（百台），总利润将会发生什么样的变化？

参考答案

第一章　参考答案

同步练习 1. 1

1.（1）不是　　（2）是　　（3）是　　（4）不是

2.（1）$(-\infty,1]\bigcup[3,+\infty)$　　　　（2）$[-2,-1)\bigcup(-1,2]$

　（3）$(3,+\infty)$　　　　（4）$(-\infty,+\infty)$

3.（1）偶函数　　（2）奇函数　　（3）非奇非偶

4.（1）$(-\infty,4]$　　（2）$f(-1)=1,f(2)=3$　　（3）图略

5.（1）1　　（2）-2　　（3）x　　（4）3

6.（1）$y=(3x-1)^2;(-\infty,+\infty)$　　（2）$y=\lg(1-x^2);(-1,1)$　　（3）不能

7.（1）$y=\lg u,u=3-x$　　　　（2）$y=2^u,u=1-x^2$

　（3）$y=u^3,u=\sin v,v=8x+5$　　（4）$y=\tan u,u=\sqrt[3]{v},v=x^2+5$

8. $A=\dfrac{2V}{r}+2\pi r^2;r\in(0,+\infty)$

9. $F=2kx^2+\dfrac{4kV}{x};x\in(0,+\infty)$

同步练习 1. 2

1.（1）0　　（2）$\dfrac{1}{2}$　　（3）0　　（4）3　　（5）0

2.（1）0　　（2）0　　（3）0　　（4）0　　（5）1　　（6）3　　（7）0　　（8）-4

3. $f(3-0)=3;f(3+0)=10$

4.（1）$\lim\limits_{x\to1}f(x)=0$　　（2）$\lim\limits_{x\to0+}f(x)=-1,\lim\limits_{x\to0-}f(x)=1$　　（3）图略

5.（1）$f(0-0)=1,f(0+0)=1,\lim\limits_{x\to0}f(x)=1$

　（2）$g(0-0)=-1,g(0+0)=1,\lim\limits_{x\to0}g(x)$ 不存在.

同步练习 1. 3

1.（1）$\times$　　（2）$\surd$　　（3）$\times$　　（4）$\times$　　（5）$\times$　　（6）$\times$

2.（1）无穷小　　（2）无穷大　　（3）无穷大　　（4）无穷大　　（5）无穷大　　（6）无穷小

3.（1）0　　（2）0　　（3）0　　（4）∞

4.（1）x^4　　（2）$1-\sqrt{x}$　　（3）$\dfrac{1}{x^2}$　　（4）$\sin x^2$

同步练习 1. 4

1.（1）-4　　（2）5　　（3）$\dfrac{3}{4}$　　（4）0　　（5）$\dfrac{1}{2}$　　（6）0　　（7）$\dfrac{1}{3}$

　（8）$\dfrac{1}{2}$　　（9）3　　（10）-2　　（11）1　　（12）$-\dfrac{1}{2}$　　（13）0　　（14）32

2. $k = -3$

3. (1) 1　　(2) 0　　(3) 0　　(4) 1

4. (1) $\dfrac{2}{3}$　　(2) $\dfrac{1}{5}$　　(3) 0　　(4) 1　　(5) $\sqrt{2}$

　　(6) 1　　(7) e^{6}　　(8) e^{2}　　(9) e^{-2}

同步练习 1.5

1. $x = 1$ 不连续；连续区间 $(0,1) \bigcup (1,2)$

2. $a = 1$

3. 不连续

4. (1) $x = 0$ 为可去间断点　　　　　(2) $x = 1$ 为可去间断点，$x = 2$ 为第二类间断点

　　(3) $x = 0$ 为第二类间断点　　　　(4) $x = 1$ 为跳跃间断点.

5. 证略

自测题

(A 组)

一、1. B　　2. C　　3. C　　4. B　　5. D　　6. B　　7. A　　8. C

二、1. $y = \ln u, u = \cot x; y = u^{2}, u = \sin v, v = x + 1$

　　2. 3　　3. $[-2,1) \bigcup (1, +\infty)$　　4. $x = 0$，可去间断点　　5. 1

三、1. $\dfrac{1}{2}$　　2. $\dfrac{1}{5}$　　3. $2\sqrt{2}$　　4. 1　　5. 1　　6. $\dfrac{4}{3}$　　7. $\dfrac{1}{2}$　　8. 1　　9. e^{2}

四、1. -7　　2. (1) -2　　(2) 0　　(3) 不存在　　(4) 4　　3. 不存在

　　4. $x = 0$ 连续；$x = 1$ 不连续　　5. 证略

(B 组)

一、(1) A　　(2) C　　(3) B　　(4) B　　(5) D　　(6) B　　(7) B　　(8) D

二、1. $y = \tan u, u = \sqrt{v}, v = \dfrac{1+x}{1-x}; y = \cos u, u = v^{3}, v = \ln m, m = x^{2} + 1$

　　2. 2　　3. $\dfrac{1}{2}$　　4. 1

三、1. $\dfrac{1}{3}$　　2. $\dfrac{1}{16}$　　3. 1　　4. $\dfrac{1}{3}$　　5. $\dfrac{1}{2}$

　　6. $\dfrac{1}{2}$　　7. 2　　8. e^{2}　　9. $\dfrac{1}{256}$.

四、1. $a = -7, b = 6$　　2. $a = b = -4$

　　3. (1) $x = 1$，可去间断点　　(2) $x = 0$，第二类间断点　　(3) $x = 0$，跳跃间断点

　　4. (1) 1　　(2) $m = n = 1$　　5. $a = b = 1$

　　6. 证略.(提示：设 $f(x) = x - a\sin x - b$，用零点定理证明 $f(x)$ 至少有一根在 $[0, a+b]$)

第二章　参考答案

同步练习 2.1

1. (1) $4 + \Delta t$　　(2) 4　　(3) $2t_0 + \Delta t$　　(4) $2t_0$

2. $f'(0) = 0; f'(1) = 1$

3. (1) $y' = 4x^{3}$　　(2) $y' = -\dfrac{1}{2x\sqrt{x}}$　　(3) $y' = \dfrac{2}{3\sqrt[3]{x}}$　　(4) $y' = \dfrac{7}{8\sqrt[8]{x}}$

4. $y = f(x)$ 在 x_0 处可导,则曲线 $y = f(x)$ 在点 $(x_0, f(x_0))$ 处有切线,反之不成立. 如 $y = \sqrt{4 - x^2}$ 在 $x = 2$ 处有垂直于 x 轴的切线,但 $y'|_{x=2}$ 不存在.

5. 切线方程 $y - 3 = 7(x - 1)$,法线方程 $y - 3 = -\dfrac{1}{7}(x - 1)$

同步练习 2.2

1. (1) $y' = -\dfrac{1}{x^2}$　　　　(2) $y' = \dfrac{1}{5}x^{-\frac{4}{5}} = \dfrac{1}{5\sqrt[5]{x^4}}$　　　　(3) $y' = -\dfrac{1}{4}x^{-\frac{5}{4}} = -\dfrac{1}{4x\sqrt[4]{x}}$

(4) $y' = 3x^2 + 4x$　　　　(5) $y' = 2x - \dfrac{1}{2\sqrt{x}}$　　　　(6) $y' = 4x - 3$

(7) $y' = -\dfrac{1+x}{2x\sqrt{x}}$　　　　(8) $y' = \dfrac{x^2 - 2x - 1}{e^x}$　　　　(9) $y' = \dfrac{2}{(1+\cos x)^2}$

(10) $y' = \dfrac{3}{(t+2)^2}$

2. (1) $y' = 12(2x+1)^5$　　　　(2) $y' = \dfrac{2}{2x+1}$　　　　(3) $y' = \sin 2x + 2\cos 2x$

(4) $y' = e^{\sin x}\cos x$　　　　(5) $y' = \dfrac{1}{2x\sqrt{\ln x}} + \dfrac{1}{2x}$　　　　(6) $y' = \dfrac{1}{\sqrt{1+x^2}}$

(7) $y' = \dfrac{2x}{(1+x^2)\ln a}$　　　　(8) $y' = -e^{-x}\ln(x-1) + \dfrac{e^{-x}}{x-1}$

同步练习 2.3

1. (1) $\dfrac{dy}{dx} = \dfrac{1}{4-6y}$　　　　　　　　(2) $\dfrac{dy}{dx} = -\dfrac{b^2 x}{a^2 y}$

(3) $\dfrac{dy}{dx} = \dfrac{e^y}{2-y}$　　　　　　　　(4) $y'|_{(\frac{\pi}{2},0)} = -\dfrac{\sin x}{1+\cos y}\Big|_{(\frac{\pi}{2},0)} = -\dfrac{1}{2}$

2. $y = 1$

3. (1) $y' = x^{\sin x}(\cos x \ln x + \dfrac{\sin x}{x})$　　　　(2) $y' = \dfrac{x^3(2x+1)^2}{\sqrt[3]{(1-x)^2}}\left(\dfrac{3}{x} + \dfrac{4}{2x+1} - \dfrac{2}{3(x-1)}\right)$

同步练习 2.4

1. $\dfrac{dy}{dx} = \dfrac{3t^2 + 1}{2t}$

2. $\dfrac{dy}{dx}\Big|_{\theta=\frac{\pi}{4}} = -2\cot\theta\Big|_{\theta=\frac{\pi}{4}} = -2$

同步练习 2.5

1. (1) $y'' = 2 - \dfrac{1}{x^2}$　　　　(2) $y'' = 2\cos(1+x^2) - 4x^2\sin(1+x^2)$

(3) $y'' = \dfrac{-1}{\sqrt{(1-x^2)^3}}$

2. (1) $y'''(0) = 92160$　　　　(2) $y^{(n)} = 3^x \ln^n 3$　　　　(3) $f^{(n)}(0) = (-1)^n \cdot n!$

同步练习 2.6

1. (1) $dy = (e^x + 6x)dx$　　　　(2) $dy = (-\dfrac{1}{2\sqrt{2-x}} + \dfrac{1}{x})dx$

(3) $dy = (2x\cos x - x^2\sin x)dx$　　　　(4) $dy = \dfrac{1}{\sin x}dx = \csc x\, dx$

$(5) dy = 2e^{\sin 2x} \cos 2x dx$ \qquad $(6) dy = \dfrac{2}{(1-x)^2} dx$

2. $(1) dy = -\dfrac{b^2 x}{a^2 y} dx$ \qquad $(2) dy = \dfrac{e^y}{1-xe^y} dx$

3. $(1) 1.9375$ \qquad\qquad $(2) -0.02$

4. ± 0.12

自测题

(A 组)

一、1. $\times$ \quad 2. $\checkmark$ \quad 3. $\checkmark$ \quad 4. $\times$ \quad 5. $\times$

二、1. B \quad 2. B \quad 3. D \quad 4. D \quad 5. A \quad 6. B \quad 7. B

三、1. 5 \quad 2. $\cot x dx$ \quad 3. $-\dfrac{1}{x^2}$ \quad 4. $6t-2, 6$ \quad 5. $-\dfrac{1}{e}$ \quad 6. $n!$

四、1. $(1) y' = ax^{a-1} + a^x \ln a$ \qquad $(2) y' = \dfrac{3}{2\sqrt{3x}} + \dfrac{1}{3\sqrt[3]{x^2}} + \dfrac{1}{x^2}$

$(3) y' = \dfrac{4x}{(1-x^2)^2}$ \qquad $(4) y' = x\cos x$

$(5) y' = \tan x \ln x + x \sec^2 x \ln x + \tan x$ \qquad $(6) y' = -\dfrac{2}{x(1+\ln x)^2}$

$(7) y' = 12x(2x^2+3)^2$ \qquad $(8) y' = -\dfrac{2}{\sin 2x}$

2. $(1) y' = \dfrac{e^y}{1-xe^y}$ \qquad $(2) y' = -\csc^2(x+y)$

3. $(1) dy = -\dfrac{3^{-x} \ln 3}{1+3^{-x}} dx$ \qquad $(2) dy = \dfrac{1}{3}(x^2-2x)^{-\frac{2}{3}}(2x-2) dx$

五、1. $(1) P$ 点的坐标为 $(1,1)$ 和 $(-1,-1)$

$\qquad (2) Q$ 点的坐标为 $(2,8)$ 和 $(-2,-8)$

2. 因为 $\lim\limits_{x \to 0} f(x) = f(0)$,所以 $f(x)$ 在 $x = 0$ 处连接;

又因为 $f'(0) = \lim\limits_{x \to 0} \dfrac{f(x)-f(0)}{x-0} = \lim\limits_{x \to 0} x \sin \dfrac{1}{x} = 0$,所以 $f(x)$ 在 $x = 0$ 处可导.

3. $a = 2, b = -1$

4. 3.979

(B 组)

一、1. B \quad 2. B \quad 3. C \quad 4. A \quad 5. A \quad 6. B \quad 7. A

二、1. $\dfrac{1}{x}$ \qquad 2. $(1,3)$ 和 $(-1,-3)$ \qquad 3. $dy = \dfrac{1}{2x\sqrt{\ln x}} dx$

$\quad$ 4. $\dfrac{2}{3} f'(x_0)$ \quad 5. $3+3e^3$ \qquad 6. $-\dfrac{2}{3}$

三、1. $(1) \dfrac{1}{6} x^{-\frac{5}{6}}$ \qquad $(2) 6(x^2-x)^5(3x^2-1)$ \qquad $(3) -\dfrac{3^{-x} \ln 3}{1+3^{-x}}$

$\quad (4) \dfrac{1}{x\ln x \ln(\ln x)}$ \quad $(5) \dfrac{1}{2-\cos y}$ \qquad $(6) \dfrac{4}{(e^x+e^{-x})^2}$

2. $(1) dy = (-2x\sin 2x^2) dx$ \quad $(2) dy = -\dfrac{1}{\sqrt{x^2+a^2}} dx$ \quad $(3) dy = \dfrac{y}{y-1} dx$

四、1.(1)400π 　　　(2)400π cm³

　　2.略

第三章　参考答案

同步练习 3.1

1.不满足,$f(1) \neq f(e)$

2.略.

3.2 个.

同步练习 3.2

1.$\dfrac{a}{b}$ 　　2.3 　　3.0 　　4.0 　　5.$\dfrac{1}{2}$ 　　6.$\dfrac{1}{2}$ 　　7.∞ 　　8.0

同步练习 3.3

1.(1) 单调递增; 　　(2) 单调递增.

2.(1)$(-\infty,+\infty)$ 为单调递增区间;

　(2)$(-\infty,0)$ 及 $\left(\dfrac{1}{2},+\infty\right)$ 为单调递增区间,$\left(0,\dfrac{1}{2}\right)$ 为单调递减区间;

　(3)$(0,1)$ 为单调递增区间,$(1,2)$ 为单调递减区间;

　(4)$(-\infty,-3)$ 及 $(3,+\infty)$ 为单调递减区间,$(-3,3)$ 为单调递增区间;

3.略.

4.(1) 极大值 $y(-1)=17$,极小值 $y(3)=-47$

　(2) 极大值 $y(-1)=-1$,极小值 $y(0)=0$

5.(1)$y_{\max}=81,y_{\min}=0$ 　　　(2)$y_{\max}=\dfrac{5}{4},y_{\min}=-1$

6.$a=2,f\left(\dfrac{\pi}{3}\right)=-\sqrt{2}$

同步练习 3.4

1.(1)$(-\infty,2)$ 为凸区间,$(2,+\infty)$ 为凹区间,$(2,-1)$ 为拐点坐标;

　(2)$(4,+\infty)$ 为凸区间,$(-\infty,4)$ 为凹区间,$(4,5)$ 为拐点坐标.

2.$a=-\dfrac{3}{2},b=\dfrac{9}{2}$.

3.$a=3,b=-9,c=8$.

4.(1)$x=5,x=-1$ 为铅直渐近线,$y=0$ 为水平渐近线;

　(2)$x=0$ 为铅直渐近线,$y=x+2$ 为斜渐近线;

　(3)$x=1,x=-1$ 为铅直渐近线,$y=1$ 为水平渐近线;

5.(1) 略 　　(2) 略

同步练习 3.5

1.边际利润 $L'(q)=60-0.2q;L'(150)=30,L'(400)=-20$

2.(1) $\dfrac{Eq}{EP}=2P$ 　　(2)6

3.40cm,16000cm³.

4.高为 1.6m,宽为 0.8m.

自测题

（A 组）

一、1. B   2. B   3. D   4. D   5. A

二、1. $(1,3)$ 2. $(-1,+\infty)$ 3. $(0,2)$；$(0,+\infty)$

     4. $(1,2)$ 5. $y=-3$；$x=1$

三、1. $\dfrac{3}{2}$ 2. 1   3. $-\dfrac{1}{2}$

四、1.（1）$(-\infty,0)$ 和 $(1,+\infty)$ 单增，$(0,1)$ 单减，极大值 $f(0)=4$，极小值 $f(1)=3$；

    （2）$(-\infty,\dfrac{1}{2})$ 凸区间，$(\dfrac{1}{2},+\infty)$ 凹区间，$(\dfrac{1}{2},\dfrac{7}{2})$ 为拐点.

2. 最小值 $f(3)=-28$，最大值 $f(0)=-1$

3. $b=8\sqrt{3}$，$h=8\sqrt{6}$

4. 略.

5. 略.

（B 组）

一、1. ×   2. ×   3. ×   4. √   5. √

二、1. $-\dfrac{2}{3}$，$-\dfrac{1}{6}$ 2. $(1,+\infty)$，$(1,0)$

     3. $(-\infty,-1)\bigcup(1,+\infty)$；$(-1,\ln2)$、$(1,\ln2)$

     4. 1，1   5. $x=1$，$y=x+5$

三、1. C   2. A   3. A   4. A   5. D

四、1. $-\dfrac{1}{2}$ 2. $-\dfrac{1}{2}$ 3. 1   4. 0

五、1. $y=-\dfrac{3}{2}x^3+\dfrac{9}{2}x^2$ 2. $r=h=\sqrt[3]{\dfrac{3V}{5\pi}}$ 3. 略

第四章   参考答案

同步练习 4.1

1.（1）$\dfrac{x^6}{3}$ （2）$-\sin x$ （3）$\sqrt{t}$ （4）$-\csc\theta$

2. 证略.

3.（1）$\cos(3x+2)$ （2）$1+2x$

4. $f(x)=x^3+1$

同步练习 4.2

（1）$\dfrac{2}{7}x^{\frac{7}{2}}-\dfrac{8}{3}x^{\frac{3}{2}}+C$ （2）$2\sqrt{x}-\dfrac{4}{3}x^{\frac{3}{2}}+\dfrac{2}{5}x^{\frac{5}{2}}+C$ （3）$\dfrac{2^x e^x}{1+\ln2}+C$

（4）$2x-\dfrac{5\left(\dfrac{2}{3}\right)^x}{\ln2-\ln3}+C$ （5）$\tan x-\sec x+C$ （6）$\dfrac{1}{2}\tan x+C$

（7）$-\cot x-2x+C$ （8）$\dfrac{1}{2}x-\dfrac{1}{2}\sin x+C$ （9）$-\cot x-\tan x+C$

（10）$-\cot x+\tan x+C$

同步练习 4.3

1. (1) $\dfrac{1}{3}$　　(2) $\dfrac{1}{2}$　　(3) $\dfrac{1}{12}$　　(4) $-\dfrac{1}{2}$

　(5) -1　　(6) $\dfrac{1}{3}$

2. (1) $\dfrac{a^{3x}}{3\ln a}+C$　　　　　(2) $-\dfrac{1}{5}(3-2x)^{\frac{5}{2}}+C$　　　(3) $-\dfrac{1}{3}\ln|4-3x|+C$

　(4) $-e^{\frac{1}{x}}+C$　　　　　(5) $-2\cos\sqrt{t}+C$　　　　(6) $\ln|\ln x|+C$

　(7) $\ln(1+e^x)+C$　　　(8) $=\sin x-\cos x+C$　　(9) $\ln|1+x|+C$

　(10) $\ln|x^2+5x-7|+C$　(11) $-\sqrt{2-x^2}+C$　　　(12) $\tan\sqrt{1+x^2}+C$

3. (1) $x-2\sqrt{x}+2\ln(\sqrt{x}+1)+C$　　　(2) $\sqrt{2x-3}-\ln|\sqrt{2x-3}+1|+C$

　(3) $6\ln\sqrt[6]{x}-6\ln(\sqrt[6]{x}+1)+C$　　　(4) $6\sqrt[6]{x}-6\arctan\sqrt[6]{x}+C$

　(5) $\dfrac{1}{2}\arcsin x-\dfrac{1}{2}x\sqrt{1-x^2}+C$　　(6) $\sqrt{x^2-9}-3\arccos\dfrac{3}{x}+C$

同步练习 4.4

(1) $-x\cos x+\sin x+C$　　(2) xe^x-e^x+C　　　　(3) $x\ln x-x+C$

(4) $\dfrac{1}{2}e^x(\cos x+\sin x)+C$　(5) $\dfrac{x^3}{3}\ln x-\dfrac{x^3}{9}+C$　(6) $2\sqrt{x}\ln x-4\sqrt{x}+C$

(7) $-2x\cos\dfrac{x}{2}+4\sin\dfrac{x}{2}+C$　(8) $-e^{-t}(t^2+2t+2)+C$

自测题

（A 组）

一、1. A　　2. D　　3. B　　4. A　　5. B　　6. B　　7. A　　8. B

二、1. $-\dfrac{2}{3}x^{-\frac{3}{2}}+C$　　　　2. $\dfrac{x^3}{3}-2x^2+4x+C$　　　3. $\dfrac{10^x}{\ln 10}-3\cos x-\dfrac{2}{3}x^{\frac{3}{2}}+C$

　4. $\dfrac{1}{2}\tan x+C$　　　　5. $\sqrt{2x+1}+C$　　　　6. $y=\dfrac{x^2}{2}+1$

　7. $\dfrac{1}{x}$　　　　　　8. $-xe^{-x}-e^{-x}+C$

三、1. $x-\dfrac{x^2}{2}+\dfrac{x^4}{4}-3\sqrt[3]{x}+C$　2. $\dfrac{x^3}{3}+\dfrac{3}{2}x^2+9x+C$　3. $\sin x+\cos x+C$

　4. $\dfrac{2}{3}(x^2-1)\sqrt{x^2-1}+C$　5. $\ln|x^2-x+8|+C$　6. $\dfrac{2}{3}\ln x\sqrt{\ln x}+C$

　7. $-2\sqrt{x}-2\ln|\sqrt{x}-1|+C$　8. $x^2\sin x+2x\cos x-2\sin x+C$

（B 组）

一、1. D　　2. B　　3. D　　4. C　　5. C　　6. A　　7. C　　8. B

二、1. $\dfrac{4}{7}x^{\frac{7}{4}}+\dfrac{4}{\sqrt[4]{x}}+C$　　2. $\dfrac{1}{3}\sin(3x-5)+C$　　　3. $x-\arctan x+C$

　4. $\dfrac{1}{2}x-\dfrac{1}{4}\sin 2x+C$　　5. $-\dfrac{1}{1+3x}+C$　　　6. $y=\ln x+1$

　7. $\dfrac{x}{3x^2-1}$　　　　　8. $-\dfrac{1}{2}te^{-2t}-\dfrac{1}{4}e^{-2t}+C$

三、1. $\frac{8}{15}x^{\frac{15}{8}}+C$ 　　　　2. $\frac{1}{3}\sec^3 x - \sec x + C$ 　　　3. $\frac{1}{6}\ln^6 x + C$

4. $\tan x - \cot x + C$ 　　　5. $\frac{3}{1-2x}+C$ 　　　　6. $6\ln\left|\frac{\sqrt[6]{x}-1}{\sqrt[6]{x}}\right|+C$

7. $\frac{1}{5}xe^{5x}-\frac{1}{25}e^{5x}+C$ 　　　8. $3e^{\sqrt[3]{x}}(\sqrt[3]{x^2}-2\sqrt[3]{x}+2)+C$

第五章　参考答案

同步练习 5.1

1. $\int_1^2 x^2\,\mathrm{d}x$ 　　　　2. $\int_1^e \ln x\,\mathrm{d}x$ 　　　　3. $3m-2n$

4. 2π 　　　　　　5. $\geqslant$ 　　　　　　6. $0,0$

同步练习 5.2

1.(1) $e-\frac{3}{4}$ 　　　　(2) $\frac{1}{2}+\ln 2$ 　　　　(3) $\frac{7}{12}$

(4) $\frac{1}{2}$ 　　　　　　(5) 10 　　　　　　(6) $\frac{\pi}{2}$

(7) $\frac{1}{3}$ 　　　　　　(8) $\frac{1}{2}(e-1)$ 　　　　(9) $e-2$

2.(1) $x^2\tan x$ 　　　(2) $2x^5 e^{3x^2}$ 　　　　(3) $-\sqrt{e^x+\sin x}$ 　　　(4)0

3.(1) $\frac{1}{3}$ 　　　　　*(2) $-\frac{1}{2e}$.

同步练习 5.3

1.(1) $\frac{1}{3}$ 　　　　(2)$2(e^2-e)$ 　　　　(3) $\frac{8}{3}$ 　　　　*(4)π

(5) $\frac{1}{9}(2e^3+1)$ 　(6)-2 　　　　(7)$e-2$ 　　　　(8)$2-\frac{2}{e}$

同步练习 5.4

1.(1) $\frac{1}{3}$ 　　　　(2) 发散 　　　　(3)0

(4)2 　　　　　　(5) 发散 　　　　(6) 发散.

同步练习 5.5

1.(1) $\frac{32}{3}$ 　　　(2) $\frac{9}{2}$ 　　　(3) $\frac{1}{2}$ 　　　(4)2

2. $e+\frac{1}{e}-2$

3. $2\sqrt{2}$

4.(1)8π 　　(2) $\frac{\pi^2}{2}$ 　　(3) $\frac{3\pi}{10}$ 　　(4) $\frac{4}{3}\pi a^2 b$ 　　(5) $\frac{128\pi}{7}$

5. 500

6.(1)9988.5 　　(2)9962.5

7.(1)$q^2-30q+8$ 　　(2)$25,617$ 　　(3)-100.

自测题

（A 组）

一、1. $\geqslant$　　2. $\int_{T_1}^{T_2} v(T)\mathrm{d}T$

　　3. 0　　4. e^2-e-3　　5. 0.

二、1. B　　2. C　　3. C　　4. B　　5. B

三、1. $1-\dfrac{\pi}{4}$　　　　　　2. $2\sqrt{3}-2$　　　　　　3. $\dfrac{4}{25}e^5+\dfrac{1}{25}$

　　4. $\dfrac{8}{3}$　　　　　　5. $\dfrac{1}{3}$

四、1.（1）$\dfrac{4}{3}$　　　　（2）$\dfrac{16}{15}\pi$

　　2. 67.5,142.5

（B 组）

一、1. $\checkmark$　　2. $\times$　　3. $\checkmark$　　4. $\times$　　5. $\times$

二、1. $\dfrac{\pi}{2}$　　2. $\dfrac{\pi}{6}$　　3. 1　　4. 700

三、1. A　　2. D　　3. C　　4. B

四、1. $\ln\dfrac{e+1}{2}$　　2. $\dfrac{5}{3}$　　3. $\dfrac{1}{2}(e^{\frac{\pi}{2}}-1)$

　　4. $2\ln2-\dfrac{1}{e}$　　5. 1

五、1.（1）$\dfrac{2}{3}$　　（2）$\dfrac{16}{15}\pi$

　　2.（1）16 万元,20 万元　　（2）3 百台,4 万元,减少 1 万元.

参考文献

陈笑缘. 2014. 经济数学[M]. 2 版. 北京:高等教育出版社.

顾静相. 2008. 经济数学基础[M]. 3 版. 北京:高等教育出版社.

侯风波. 2014. 高等数学[M]. 4 版. 北京:高等教育出版社.

李志煦,展明慈,郑郁文,等. 2003. 经济数学基础——微积分[M]. 2 版. 北京:高等教育出版社.

吕同富. 2011. 经济数学及应用[M]. 北京:中国人民大学出版社.

王宝艳. 2012. 高等数学(上册)[M]. 北京:北京交通大学出版社.

王玉华. 2010. 应用数学基础[M]. 北京:高等教育出版社.

徐荣聪. 2004. 高等数学[M]. 2 版. 厦门:厦门大学出版社.

云连英. 2006. 微积分应用基础[M]. 北京:高等教育出版社.

http://blog.sina.com.cn/s/blog_5428fba50100bvcl.html

https://baike.so.com/doc/5351751-5587209.html